重庆市高等教育教学改革研究重点项目"科技伦理治理教育教学改革研究"成果

重庆市南川区社会科学规划项目之特别委托重大项目"新时代科技伦理治理自主知识体系"成果

本书系西南大学创新研究 2035 先导计划（编号：SWUPilotPlan030）的研究成果之一

U0724028

科 技 伦 理 治 理 研 究 丛 书 　　　　　　　　　　　　　　　任丑　总主编

科技伦理治理
体制机制研究

申丽娟　刘宇竹　著

西南大学出版社

国家一级出版社 全国百佳图书出版单位

图书在版编目(CIP)数据

科技伦理治理体制机制研究 / 申丽娟, 刘宇竹著.
重庆 : 西南大学出版社, 2025.5. -- ("科技伦理治理
研究"丛书). -- ISBN 978-7-5697-3167-5

Ⅰ. B82-057

中国国家版本馆 CIP 数据核字第 20259XJ902 号

科技伦理治理体制机制研究

KEJI LUNLI ZHILI TIZHI JIZHI YANJIU

申丽娟　刘宇竹　著

出　品　人 : 张发钧

项目负责人 : 张昊越

责 任 编 辑 : 段林宏

责 任 校 对 : 钟孝钢

装 帧 设 计 : 殳十堂_未　氓

排　　　版 : 王　兴

出 版 发 行 : 西南大学出版社(原西南师范大学出版社)

　　　地　　　址 : 重庆市北碚区天生路2号

　　　邮　　　编 : 400715

　　　电　　　话 : 023-68868624

印　　　刷 : 重庆金博印务有限公司

幅 面 尺 寸 : 710×1000　1/16

印　　　张 : 15.5

字　　　数 : 270千字

版　　　次 : 2025年5月 第1版

印　　　次 : 2025年5月 第1次印刷

书　　　号 : ISBN 978-7-5697-3167-5

定　　　价 : 78.00元

编委会

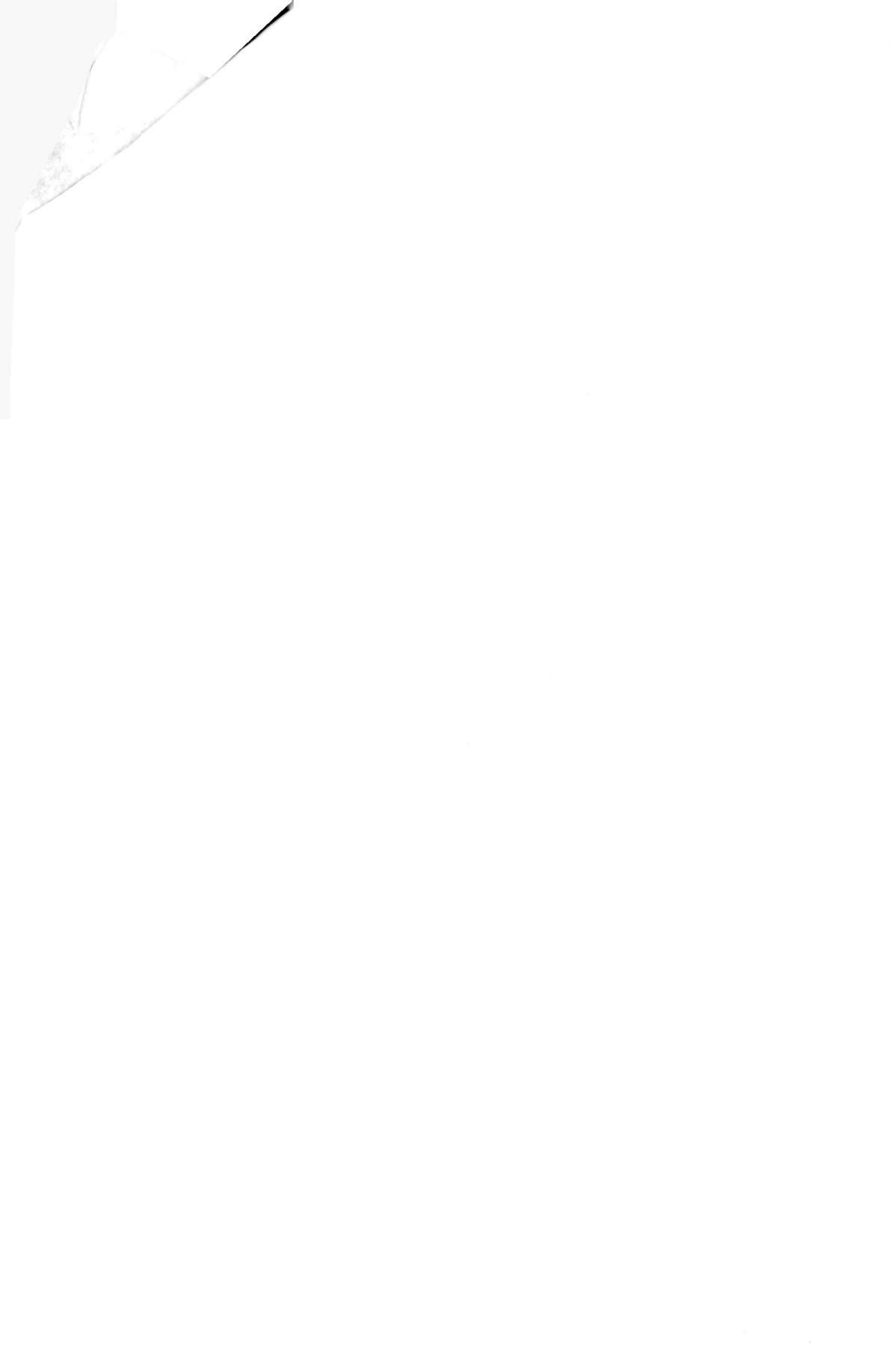

总序

　　荀子有言:"吾尝终日而思矣,不如须臾之所学也;吾尝跂而望矣,不如登高之博见也。登高而招,臂非加长也,而见者远;顺风而呼,声非加疾也,而闻者彰。假舆马者,非利足也,而致千里;假舟楫者,非能水也,而绝江河。君子生非异也,善假于物也。"(《荀子·劝学》)从一定意义上讲,人的本质力量就体现为"善假于物"。当代"善假于物"的最为前沿的实践形式无疑是科技伦理治理。

　　科技伦理治理是遵循确认的价值理念和行为规范而开展的科学研究、技术开发等科技活动的实践,是促进科技事业健康发展,推动人类历史绵延前行的重要保障。进入新时代以来,习近平总书记和党中央高度重视科技伦理治理工作并作出战略部署。2019年10月,中国国家科技伦理委员会成立。2022年3月,中共中央办公厅、国务院办公厅印发《关于加强科技伦理治理的意见》(以下简称《意见》),并发出通知,要求各地区各部门结合实际认真贯彻落实。《意见》要求:"将科技伦理教育作为相关专业学科本专科生、研究生教育的重要内容,鼓励高等学校开设科技伦理教育相关课程,教育青年学生树立正确的科技伦理意识,遵守科技伦理要求。完善科技伦理人才培养机制,加快培养高素质、专业化的科技伦理人才队伍。"《意见》的指导思想是:"以习近平新时代中国特色社会主义思想为指导,深入贯彻党的十九大和十九届历次全会精神,坚持和加强党中央对科技工作的集中统一领导,加快构建中国特色科技伦理体系,健全多方参与、协同共治的科技伦理治理体制机制,坚持促进创新与防范风险相统一、制度规范与自我约束相结合,强化底线思维和风险意识,建立完善符合我国国情、与国际接轨的科技伦理制度,塑造科技向善的文化理念和保障机制,努力实现科技创新高质量发展与高水平安全良性互动,促进我国科技事业健康发展,为增进人类福祉、推动构建人类命运共同体提供有力科技支撑。"此外,《意见》还要求:明确科技伦理原则、健全科技伦理治理体制、加强科技伦理治理制度保障、强化科技伦理审查和监管、深入开展科技伦理教育和宣传。

2022年3月22日,教育部在清华大学召开会议,正式启动高校科技伦理教育专项工作,时任教育部高等教育司司长吴岩在《在高校科技伦理教育专项工作启动会上的讲话》中指出,启动高校科技伦理教育专项工作,"这是一件大事,从某种意义上来说对高等教育发展还是一件天大的事"。科技伦理治理是推动学科交叉、重视服务社会的新文科建设的大事。科技伦理教育专项工作的正式启动,迫切需要深入全面地研究科技伦理治理的重大理论和现实问题。

2022年3月26日始,西南大学国家治理学院伦理学博士点师生积极响应党和国家的号召,迅速组织重庆市应用伦理科研团队认真学习《意见》精神。在时任国家治理学院吴江书记指导下,哲学学科负责人、应用伦理教育管理中心主任任丑教授带领科技伦理治理领域的专家学者撰写"科技伦理治理研究丛书"。根据《意见》精神,丛书分为《科技伦理治理基础》《生命伦理治理研究》《人工智能伦理治理研究》《科技伦理治理体制机制研究》《科技伦理治理立法研究》《科技伦理教育研究》《中国古代科技伦理治理思想史》《中国近世科技伦理治理思想史》《西方古代科技伦理治理思想史》《西方近现代科技伦理治理思想史》等10个分册。"道虽迩,不行不至;事虽小,不为不成。其为人也多暇日者,其出人不远矣。"(《荀子·修身》)在西南大学出版社的指导下,任丑教授担任总主编,应用伦理学团队齐心协力,共同撰写丛书,申报出版项目。"科技伦理治理研究丛书"成功被列为重庆市"十四五"重点出版物出版规划项目、重庆市出版专项资金资助项目。同时,丛书也是重庆市高等教育教学改革研究重点项目"科技伦理治理教育教学改革研究"(项目编号:222028)成果,重庆市南川区社会科学规划项目之特别委托重大项目"新时代科技伦理治理自主知识体系"(项目编号:2025TBWT-ZD01)的最终研究成果。

　　"科技伦理治理研究丛书"希望达成如下目标:第一,为进一步完善科技伦理体系,提升科技伦理治理能力,有效防控科技伦理风险提供理论基础、决策参考和思想资源;第二,为不断推动科技向善、造福人类,实现高水平科技自立自强提供理论基础、决策参考和思想资源;第三,为国家实施科技伦理审查办法、强化对科技活动的伦理监控、科研骨干的科技伦理培训等提供理论基础、决策参考和思想资源;第四,深入开展科技伦理治理教育和宣传,推进科技伦理治理教育教学活动,培养具有科技伦理治理素养和解决实际问题能力的中国科技伦理治理人才;第五,解决当前和近期高等教育中科技伦理治理教学重点问题,推进高等教育科技伦理治理教学改革取得重大成果,形成具有较高推广、应用价值的科技伦理治理教育教学研究。

　　荀子说:"百发失一,不足谓善射。千里跬步不至,不足谓善御。伦类不通,仁义不一,不足谓善学。学也者,固学一之也……生乎由是,死乎由是,夫是之谓德操。德操然后能定,能定然后能应。能定能应,夫是之谓成人。天见其明,地见其光,君子贵其全也。"(《荀子·劝学》)虽不能至,心向往之。本丛书虽力求完善,但由于学力所限,不免挂一漏万。姑且抛砖引玉,以求教方家。

"科技伦理治理研究丛书"项目组

2025年3月22日

前言

习近平总书记在党的二十大报告中指出,建成"科技强国"是到2035年我国发展的总体目标之一。为了顺利有序实现这一目标,"科技自立自强能力显著提升"成为未来五年需要完成的主要目标任务。在推进中国式现代化的进程中,我国在科技领域已经取得了举世瞩目的成就,譬如,"基础研究和原始创新不断加强""一些关键核心技术实现突破""进入创新型国家行列"等,但是科技创新能力不强、科技伦理问题频发,已经成为阻碍高质量发展的关键瓶颈。李强总理在2023年夏季达沃斯论坛开幕式的致辞中指出:"不稳定、不确定、难预料成为常态。"随着现代性、不确定性的增多,人类社会进入了一个高风险社会或者"乌卡(VUCA)时代"(陈振明,2023),对公共治理提出了新的挑战。科技伦理治理是公共治理的重要组成部分,如何有效应对频发的科技伦理风险问题,是摆在党、政府、学界面前的重要议题。

2022年3月,中共中央办公厅、国务院办公厅印发《关于加强科技伦理治理的意见》;2023年3月,在中共中央、国务院印发的《党和国家机构改革方案》中,提出组建中央科技委员会、重新组建科学技术部的方案要求,明确了"国家科技伦理委员会作为中央科技委员会领导下的学术性、专业性专家委员会"。这些政策部署反映了党中央和国务院高度重视科技伦理治理工作,并给出了具体的目标要求。2024年7月,党的二十届三中全会通过的《中共中央关于进一步全面深化改革、推进中国式现代化的决定》,对全面创新体制机制进行了系统性部署,其中深化科技体制改革是重要内容,而"深化科技评价体系改革,加强科技伦理治理,严肃整治学术不端行为"被重点强调和要求。

在此政策导向下,全国各地加强了科技伦理治理工作,都在积极落实中央要求。与此同时,学界一直在关注科技伦理治理的相关问题,且在新政策下的研究呈现出与日俱增的态势,相关研究成果出现井喷。在上述背景下,笔者选择科技伦理治理体制机制作为切入点,从厘清科技伦理、科技伦理治理、体制机制的概念内涵出发,借鉴风险社会理论、公共价值理论、善治理论和共同体理论的核心观点,通过描绘科技伦理治理的现有主体、内容领域、政策体系与现实成效,剖析科技伦理治理体制机制存在的主要问题及其成因,以此为据,尝试构建健全科技伦理治理体制的框架、优化科技伦理治理机制的制度及实现路径,从而迈向"人人有责、人人尽责、人人享有"的科技伦理治理共同体,期望能够为科技伦理治理的理论研究和实践优化提供参考和依据。

本书受到重庆市出版专项资金、西南大学创新研究2035先导计划(编号:SWUPilotPlan030)的资助。本书由西南大学国家治理学院副教授申丽娟博士(重庆市基层治理共同体研究中心研究员、西南大学科技伦理治理研究中心研究员、西南大学中国式现代化政府治理研究中心研究员)、西南大学伦理学专业博士生刘宇竹(重庆青年职业技术学院讲师)等合著。申丽娟负责本书研究提纲的拟定、任务分工、统稿修改和审定工作。参加本书撰写的有:申丽娟(第一章、第九章)、黄娟(第二章第一节)、刘宇竹(第二章第二节、第三节,第四章,第五章,第八章)、李莹(第三章)、王湘(第六章)、李佳颖(第七章)。

当然,由于笔者知识水平有限,以及时间、精力的相对不充分,本书中难免出现理解、分析得不透彻或者错漏之处,敬请专家、读者指正。

目录

第一章

导论

　　科学技术的突飞猛进,在推动人类社会经济快速发展的同时,也带来了不可忽视的治理风险和伦理挑战,由科技所引发的伦理问题愈发凸显,科技伦理治理日益成为新时代人们关注的焦点。[①]从历史与现实的逻辑出发,可知科技风险与伦理问题是相生相伴和密不可分的关系,在一定程度上科技伦理问题的解决能够缓冲技术伴生的系列风险。从这个角度出发,科技伦理治理的出现是因应科技伦理问题解决现实需要的必然选择。环顾国际,西方社会较早就提出了伦理规范,在各个领域的伦理规范与治理均占据话语主导权,而国内在尖端技术领域的科学研究起步较晚,在颠覆性技术的科技伦理的治理上仍处于摸索和学习阶段,尚未构建出面向中国式现代化的科学、系统、敏捷的科技伦理治理机制。[②]

　　从本质上来透视,科技伦理治理是道德规范对科技发展的约束,科技已经较为完全地融入人们的生活,这是一个自我完善和外在嵌入的过程,同时,伦理作为内在的要求规范,也是系统审视科技风险的最佳视角。在科技伦理治理已经成为国家治理现代化重要组成部分的政策背景下,需要深入研究科技伦理治理的理论内涵与理论基础,剖析科技伦理治理体制机制存在的主要问题及其成因,探求提升科技伦理治理能力的现实路径,以此来规范科技主体参与行为、规避科

[①] 参见:姚新中.科技伦理治理三论[N].中国社会科学报,2022-06-14(2).
[②] 参见:杨杰,吴琳伟,邓三鸿.颠覆性技术视角下科技伦理的敏捷治理框架探讨[J].中国科学基金,2023,37(3):378-386.

技伦理活动中的诸多风险,从而推动科技活动与科技伦理之间的协调发展与良性互动。

第一节　研究背景与意义

一、研究背景

科技伦理治理是推动科技创新、深化科技体制改革的重要举措,也是推进国家治理体系和治理能力现代化的重要方面。近年来,党中央、国务院一直高度关注科技伦理治理,出台了一系列相关政策和指导意见。2019年10月,党的十九届四中全会《中共中央关于坚持和完善中国特色社会主义制度、推进国家治理体系和治理能力现代化若干重大问题的决定》中提出"完善科技人才发现、培养、激励机制,健全符合科研规律的科技管理体制和政策体系,改进科技评价体系,健全科技伦理治理体制";2020年10月,党的十九届五中全会提出"健全科技伦理体系"的要求;2021年12月,第十三届全国人民代表大会常务委员会第三十二次会议通过《中华人民共和国科学技术进步法》(第二次修订),其中包括"国家建立科技伦理委员会,完善科技伦理制度规范,加强科技伦理教育和研究,健全审查、评估、监管体系"等相关内容,此次新修订的《中华人民共和国科学技术进步法》,在法律层面为健全科技伦理治理体制机制奠定了基础。2021年12月17日,习近平总书记主持召开中央全面深化改革委员会第二十三次会议,审议通过了《关于加强科技伦理治理的指导意见》,强调科技伦理是科技活动必须遵守的价值准则,要坚持增进人类福祉、尊重生命权利、公平公正、合理控制风险、保持公开透明的原则,健全多方参与、协同共治的治理体制机制,塑造科技向善的文化理念和保障机制。深入贯彻并落实上述要求,是对国家"十四五"规划和2035年远景目标的充分回应。

科技伦理风险和科技治理挑战带来的问题不容小觑。在现阶段,随着科技创新速度的持续加快,科技机构、人员在从事科技活动时面临的伦理挑战与风险日益增多,科技伦理治理体制机制尚不健全,制度建构尚不完善,领域发展也不均衡,这些问题在一定程度上已经阻碍了科技创新与发展的步伐。①基于此,2022年3月20日,中共中央办公厅、国务院办公厅印发了《关于加强科技伦理治理的意见》(以下简称《意见》),对加强科技伦理治理作出了系统性部署,其中特别强调要"建立涉及重大、敏感伦理问题的科技活动披露机制",具体要从完善政府科技伦理管理体制、压实创新主体科技伦理管理主体责任、发挥科技类社会团体的作用、引导科技人员自觉遵守科技伦理要求四个方面健全科技伦理治理体制,从制定完善科技伦理规范和标准、建立科技伦理审查和监管制度、提高科技伦理治理法治化水平、加强科技伦理理论研究四个方面加强科技伦理治理制度保障。在科技伦理治理体制机制亟须完善的现实背景下,《意见》的出台意味着科技伦理治理步入新的发展阶段,以此推动建设科技强国进程,《意见》是我国首个国家层面的科技伦理治理指导性文件,填补了科技伦理治理顶层设计的空白。科技伦理是体现科技向善的价值理念,是在科技创新过程中对各种风险挑战进行规制的行为规范,着眼保障科技创新健康发展。进一步地,科技伦理治理需要确立起系统性思维,从根本上树立科技创新活动的底线价值,譬如尊重人的生命权、人格尊严等,同时还需要坚守和弘扬以科技人才为本、以人民为中心的基本理念,确保科技向善。②

党的二十大报告明确提出要"深化科技体制改革"。完善的科技伦理治理体制机制为科技创新划定伦理边界和价值底线,是有效防控科技伦理风险、实现科技高质量发展与高水平安全良性互动的重要保障。2021年,习近平总书记在两院院士大会和中国科协第十次全国代表大会上指出:"科技是发展的利器,也可能成为风险的源头。要前瞻研判科技发展带来的规则冲突、社会风险、伦理挑战,完善相关法律法规、伦理审查规则及监管框架。"在未来一段时间内,科技部在国家科技伦理委员会的指导下,会同各有关部门和地方,切实抓好《意见》的贯彻落实,确立伦理先行的理念,强调源头治理、注重预防,建立科技伦理监管体制机制,对科技伦理高风险科技活动实行更严格的监管措施,对科技伦理(审查)委员会和科技伦理高风险科技活动依规进行登记,加强科技计划项目的科技伦理

① 参见:操秀英.推进科技伦理治理 护航科技强国建设[N].科技日报,2022-03-21(2).
② 参见:方家喜.加强科技伦理治理务求"系统性"推进[N].经济参考报,2021-12-27(1).

监管,加强对国际合作研究活动的科技伦理监管。[①]国家科技伦理委员会是中央科技委员会领导下的学术性、专业性专家委员会。2023年3月,中共中央、国务院印发的《党和国家机构改革方案》指出,国家科技伦理委员会作为中央科技委员会领导下的学术性、专业性专家委员会,不再作为国务院议事协调机构。科技伦理是科技活动必须遵守的价值准则,推进国家科技伦理委员会的组建,目的就是加强统筹规范和指导协调,推动构建覆盖全面、导向明确、规范有序、协调一致的科技伦理治理体系,要抓紧完善制度规范,健全治理机制,强化伦理监管,细化相关法律法规和伦理审查规则,规范各类科学研究活动。2024年7月,党的二十届三中全会通过的《中共中央关于进一步全面深化改革、推进中国式现代化的决定》,对全面创新体制机制进行了系统性部署,其中深化科技体制改革是重要内容,而"深化科技评价体系改革,加强科技伦理治理,严肃整治学术不端行为"被重点强调和要求。

因此,在国家政策规范与科技伦理治理现实的呼应下,本书通过系统地梳理与阐释,秉承与时俱进的条件和符合规范的原则,致力于明确科技伦理治理中的潜在风险,探寻旨在规避和解决伦理风险的科技伦理治理体制机制,从而推进国家治理体系和治理能力现代化。通过系统梳理风险社会理论、公共价值理论、善治理论和共同体理论,精准聚焦当前科技伦理治理体制机制的现实梗阻,构建出可供操作的科技伦理治理体制机制框架,建立健全多元主体共同参与、有效合作共治的科技伦理治理体制机制,促进科技活动与科技伦理的良性互动,为科技向善提供有力的伦理支撑,以期从伦理视角约束科学技术的发展,为推动迈向人人有责、人人尽责、人人享有的科技伦理治理共同体,形成高质量发展的重要增长极提供制度保障与政策支持。

二、研究意义

2022年5月,习近平总书记在《求是》杂志上发表重要文章《加快建设科技强国 实现高水平科技自立自强》强调,通过"前瞻研判科技发展带来的规则冲突、社会风险、伦理挑战,完善相关法律法规、伦理审查规则及监管框架",引导"科技向

---

① 参见:科技向善 造福人类:解读《关于加强科技伦理治理的意见》[J].信息技术与信息化,2022(4):2-3.

善"的科技伦理治理路径,为健全科技伦理治理明确了方向。①科技伦理治理虽然并非现代社会中的一种常规性治理工具,但其在深化科技体制改革、推进国家治理体系和治理能力现代化中扮演极其重要的角色,既是加强国家创新体系建设的内在要求,也是推进国家治理体系和治理能力现代化的重要方面。在现代社会,随着信息技术的不断进步与治理现代化的深入推进,科技创新的发展日新月异,加强科技伦理治理体制机制研究,成为约束和消解现代技术伦理风险的必然选择。由此,本书具有较强的理论意义与现实意义。

(一)理论意义

科技伦理治理体制机制既是科技伦理建设的重要内容,也是推动科技事业健康发展的总抓手。在这一政策背景下,对科技伦理治理进程中的体制机制及其迈向的科技伦理治理共同体展开系统研究,可以全面提升科学研究和技术开发的能力与水平。本书通过系统梳理科技伦理治理及其体制机制相关的理论研究成果,以期为后续的实证研究、政策研究提供理论参考。具体来说,本书的理论价值主要体现在两个方面。

第一,揭示科技伦理治理、体制机制与共同体之间的关系机理,建构迈向共同体的科技伦理治理体制机制研究的整合性框架。科技伦理治理、体制机制、共同体是国内外学界关注的重点议题领域,但对于三者之间的关系机理鲜有学者涉及。本书在整合相关的风险社会理论、公共价值理论、善治理论、共同体理论的基础上,着重对共同体与科技伦理治理体制机制的关系进行梳理,在理论层面上建构迈向共同体的科技伦理治理体制机制框架。

第二,构建科技伦理治理体制机制效能的评价体系,拓展科技伦理治理评价的理论研究体系。科技伦理治理体制机制研究多是聚焦于整体结构、要素运行方面,对于其效能评价的研究成果不多。本书在遵循基本原则的前提下,创新性构建科技伦理治理体制机制效能的评价体系,为科技伦理治理评价研究提供学理性解释和理论指导。

---

① 习近平.加快建设科技强国 实现高水平科技自立自强[J].求知,2022(5):4-9.

(二)现实意义

可以说,正是科技的大繁荣、大发展提出了事关人类生存与尊严的重大道德问题,这才进一步催生了科技伦理及其治理。[①]科技伦理治理已成为新征程科技创新体系构建中的重要一环,对于防范科技领域存在的伦理风险、促进科技事业健康发展具有重要的现实意义。[②]而科技伦理治理对于中国科技事业的稳健发展具有重大的战略意义,说明中国已经开始了科技伦理治理体系化建设与实施,中国智慧和中国方案也必将有利于全人类的福祉。[③]具体来说,本书的应用价值主要体现在三个层面。

第一,从个人层面来看,科技伦理治理体制机制化意味着从机理层面对科技伦理治理主体和客体有了一系列完整的行为要求,即树立宏观、中观和微观的标准和规范;也利于科技伦理主体在科技伦理治理中的自我和外在约束,知道判断对与错、好与坏的标准。科技伦理并非仅仅是伦理思想在科学研究和技术开发等科技活动中的应用,科技伦理治理的根本宗旨是防范各种"不道德"的科研行为,重建科技工作者对科技活动的价值共识和责任意识。[④]

第二,从社会层面来看,公民有正确的科技伦理认知,对公民进行科技伦理治理的知识普及,更重要的是营造一个科技向善的社会环境,共同保护、共同监督,促进社会和谐发展。这能够促使包括科技人员在内的公民在进行科学技术研究时,以《意见》为指导,促使全社会树立起科技向善的理念,正确地应用科学技术成果,充分发挥其正效应,尽量减少和克服其负效应。

第三,从国家层面来看,近年来相关政府部门对科技伦理治理的关注表现在一系列重要议题中,本书旨在构建完善的科技伦理治理体制机制,以期对政府与相关部门规范规章制度有一定参考,在一定程度上能解决当前国内科技伦理治理仍存在的碎片化和滞后性的难题,加强对新兴科技领域的规则冲突、社会风险、伦理挑战的前瞻研判。[⑤]

---

① 参见:姚新中.科技伦理治理三论[N].中国社会科学报,2022-06-14(2).

② 参见:何忠国.坚守科技伦理确保科技活动风险可控[N].学习时报,2022-01-10(1).

③ 参见:倪思洁,韩扬眉.科技伦理治理需破壁垒、明权责、共参与[N].中国科学报,2022-03-22(1).

④ 参见:李建军.如何强化科技伦理治理的制度支撑[J].国家治理,2021(42):33-37.

⑤ 参见:周琪.我国科技伦理治理体系建设任重道远[J].中国人才,2022(5):60.

第二节　国内外研究现状

科技伦理治理是国家治理的重要组成部分,科技伦理治理体制机制的完善为科技伦理与学术伦理改革提供了原动力,同时也推动了伦理治理相关研究的发展。基于对国内外相关文献及其研究观点的梳理和总结,笔者发现学界对科技伦理风险及其治理进行了深入的研究,并已经集聚起了具有重要价值的研究成果。由于国内外科技伦理治理相关文献的研究侧重点不同,对科技伦理治理体制机制问题的研究呈现出了不同的主题及其趋势。

一、国内研究现状

经"中国知网"(CNKI)与"读秀"数据库检索,国内科技伦理治理相关研究大致起始于20世纪末期,自1995年至2024年7月,与"科技伦理治理"密切相关的期刊论文和硕博论文共299篇,与科技伦理切实贴合的图书共71本,2010年(含)之前相关主题研究较少且较为分散,偏理论与思想性研究;2019年起针对"科技伦理"的研究呈现迅猛上升态势。早期的相关文献大多从发展概论视角出发研究科技发展中的伦理问题,讨论科技创新快速发展背景下如何系统审视应对伦理问题及其带来的相关影响。随着对科技伦理问题研究的深入,既有的文献研究领域不断拓展,研究视角愈加多样化,科技伦理治理的相关研究已然成为社会科学研究中的一门显学。

(一)关于科技伦理治理思想的理论研究

对科技伦理治理的思想根源进行追溯并探究,是研究的理论基础和起点。道德伦理难以跟上科技飞速发展是存在已久的问题,每当人们调整好心态时,更新的科技又会问世。徐少锦(1989)作为研究科技伦理思想的集大成者,对中西方有关科技伦理治理的研究成果进行梳理并提出较多的见解,较为全面系统地阐释了西方科技伦理思想的兴起及发展,认为其基本精神至今仍然有着深刻影响。

一是西方科技伦理思想的引入及其中国化。西方科技伦理治理思想的引入及其中国化研究趋于显性化,中国学者对爱因斯坦、玻尔、哈贝马斯、德里罗及贝尔纳的科学伦理思想,马尔库塞的技术理性批判,弗罗洛夫科学伦理思想的人道主义等理论进行了深入研究,并取得了一定的研究成果,这些成果为中国的科技伦理治理提供了重要的理论参考(冯树洋,2006;高娟,2007;吴静静,2009;李振亚,2012;郭芳,2013;王健利,2018;吴远青,2020)。除此之外,2003年德国学者托马斯·海斯托姆(Tomas Hellstrom)首次提出负责任研究与创新(RRI),在国内学者中引发了思考和讨论。与此同时,源自20世纪70年代德国环境法中的预防式原则也被引入国内,且体现在新兴科技的预防式伦理治理路径中(张慧、李秋甫,2024)。

二是中国科技伦理思想的运用。不少学者采取从宏观到微观的逻辑思路,深入浅出地阐述科技伦理的基本概念。徐朝旭(2010)围绕科技伦理思想在不同时期的产生、发展和历史演变过程展开论述,梳理了中国古代的科学伦理规范和技术伦理规范。董伟武等(2013)从道家和儒家伦理精神文化的层面展开了多角度、多侧面的理论探索。陈万求(2012)论述了具体领域的科技和科学家的科技伦理思想。戴艳军(2005)讨论了科技管理伦理的理论建构、科技管理伦理系统与调节机制及现代科技管理伦理的实现途径等问题。徐朝旭(2010)阐述了中国古代生态伦理思想的文化渊源、现实原因、科学前提、哲学基础和主要内容。李秋甫和李正风(2024)受到费孝通先生提出的"差序格局"概念启发,提出了科技伦理治理中的"差序格局"和"错序格局",讨论了伦理倾销、全球科技伦理治理等问题,深化了科技伦理治理体系的认知基础。

(二)关于科技伦理及其治理的研究

关于科技伦理及其治理问题的研究出现较早。在科技日益兴起的现代社会,人们在享受科技带来的便利的同时,科技造成的风险也不可避免地渗入人们的生活,从而导致科技伦理治理进入学者的视野。科技伦理学作为全新的课题日益兴起(杨怀中,2004),也表明新技术引起的伦理问题是迫切需要治理的领域。在大科学时代,没有人可以脱离政策的约束而生存,科技政策是科学界的行动指南与路标,是治理科技伦理问题的必要遵循(李侠,2017)。

一是科技伦理问题的出现。刘大椿（2000）和杨莉（2004）基于真与善之间的关系,讨论了科技时代面对的崭新道德难题,即科技共同体内的伦理问题、科技社会中的人际伦理问题、科技时代文化间的伦理问题、科技背景下人与自然的伦理问题、科技发展中迫切的道德抉择课题。有学者认为,科技伦理相关的重大工程技术问题不断出现,其中一个不可忽视的原因是部分科技人员道德想象力的缺失,科技人员道德想象力是一种使科技人员以道德的方式从事科技创新活动的实践理性,科技活动自身的特性使得科技人员道德想象力在科技伦理治理中起着重要作用（杨慧民,2014）。周丽昀（2019）认为伦理要追问科学技术"该做什么",要区分应然和实然的层面,并非技术上能做的就是该做的,然而人类正是在科技与伦理的博弈之中前进的。鲁晓和王前（2023）指出,"科技"与"伦理"如何深度融合是使科技伦理治理落到实处的突出问题,可从加强科技伦理教育和普及、搭建对话机制和交流平台、完善科技评价和激励机制着手推动。

二是科技伦理风险的治理。有学者认为,风险社会治理进入科技伦理的研究视野（吴翠丽,2009）,积极应对科技发展带来的种种风险,将其控制在个人和社会所能承受的范围之内,避免其转化为社会危害,在科学技术活动中介入伦理价值的维度确立和倡导科技伦理的价值,是一项有效规避和治理社会风险的重要举措。王国豫（2023）提出了科技伦理治理的三重境界,分别从科技伦理治理的对象、工具、目标和标准等方面展开论述。樊春良（2022）从理论层面对国家科技治理体系的整体架构进行了探索。解学芳和曲晨（2024）指出,随着人工智能时代的到来,生成式人工智能技术的兴起在打造文化新质生产力的同时,带来了算法游离于隐私与道德交汇领域、数智鸿沟与伦理边缘模糊等风险,因而需要遵守价值对齐,构建共创共建共治的科技伦理治理体系。与此观点相似的是,支振锋和刘佳琨（2024）认为,对于生成式人工智能的治理而言,需要伦理先行,坚持激励相容的精神,待实践经验充足、时机成熟之时再从法律框架着手治理。

（三）关于科技伦理治理的多元化主体及其责任研究

科技伦理治理的主体是多元化的,不仅政府及其部门需要着力于构建多方参与、协同共治的科技伦理治理体制机制,而且从事科技活动的高等学校、科研机构、医疗卫生机构、企业等主体也要承担科技伦理管理责任,同时科技类社会团体要积极发挥教育引导和行业自律作用,科技人员要自觉遵守科技伦理要求。[①]

一是科技伦理治理的多元化主体研究。樊春良(2021)认为科技伦理治理是多主体依据伦理原则解决科技伦理问题的各种方式的总和。于雪等(2021)将"科技治理"和"科技伦理"两个基础概念整合,主张从两个维度理解科技伦理治理的内涵:首先是以治理推动科技伦理,强调以科技治理的方法和工具治理具体的科技伦理问题;其次是以伦理保障科技治理,强调科技伦理的价值导向为具体的科技治理框架和实施提供保障。杨荣(2003)针对当今时代的科技发展对原有社会伦理体系的冲击现象,着重对生态伦理、网络伦理、生命伦理这三个当前社会伦理的焦点问题进行分析与论述。陈彬(2014)对科技伦理的不同研究领域进行了划分,共划分为本体域、主体域、客体域、学科域、工程域和管理域六个部分,在此基础上,考察科学技术的伦理全貌,建立一套并列关系的论域分类体系,以科学技术本身为参照系,衡量科学技术与各种伦理问题涉及领域的关系。与上述研究不同的是,张慧和刘兵(2025)以美国转基因技术为例,对美国科技伦理治理中的多元利益主体参与特征进行了论述,认为正是政府、高校、科研院所、企业、媒体和公众之间的协同共治产生了良好的治理效果。在诸多科技伦理治理主体中,企业科研人员的态度会影响企业伦理治理能力和成效,卢阳旭、肖为群和赵延东(2024)基于问卷调查结果,发现企业科研人员在日常科研工作中遇到伦理议题的情况比较普遍,但其总体态度更加"消极",受到科技伦理失范行为风险感知、机构伦理(审查)委员会设置、科技伦理"大环境"等因素的综合影响。除此之外,高校科技伦理课程建设也会影响到科技伦理治理的效果。刘瑶瑶、王硕和李正风(2024)基于17所高校的调查结果,发现高校对于科技伦理课程的重视程度不足、课程定位模糊等问题普遍存在,未来应在加强顶层设计和统筹指导下,采取多阶递进的教育策略。

二是科技伦理治理的主体责任研究。罗志敏(2010)主要论述了大学学术伦理及其规制的必要性。王和(2013)以大科学时代科技主体的责任伦理为研究对象,分析了大科学时代的基本特征、大科学时代责任伦理的基本特征,提出了大科学时代构建科技主体的责任伦理的实现路径。杨慧民(2014)研究了科技人

---

① 参见:刘垠.科技伦理治理亮出硬招实招[N].科技日报,2022-03-24(1).

员的道德想象力在科技伦理治理中的作用。钱小龙等(2021)研究了人工智能技术给教育变革带来的影响,分别从宏观和微观层面探讨教育人工智能系统的伦理原则,并在该原则基础上预测其伦理挑战,提出制定更加切合实际的教育人工智能系统伦理原则、构建教育人工智能系统应用过程的监管机制等策略建议。进一步地,张迪和张力伟(2025)认为科技伦理治理的责任规范是完善科技伦理治理体系的基本前提,在其架构中,应将实现善治愿景作为其起点,围绕向善这一核心来明确科技活动的伦理边界。王磊(2024)从知识共生产框架的视角出发,指出政府、专家和公众共同参与科技伦理风险问题的治理,其中政府作为治理知识型生产者,具有政策架构支持的基础性功能;专家作为专业知识型生产者,具有知识储备运用的基础性功能;公众作为助力知识型生产者,具有外在助力推动的基础性功能。

(四)关于科技伦理治理不同领域的研究

对伦理问题进行探讨,既是科技伦理理论研究的需要,也是回应现代科技对社会产生深刻影响而提出的现实问题的需要。科技伦理学作为应用伦理学的分支分科,其研究使命是通过系统研究科学技术中的价值问题或道德困境来为科学技术的发展方向提供指导。科技伦理治理包含了不同的领域,韩东屏等学者(2010)集中探讨了科学技术在应用过程中引发的伦理反思,主要涉及的领域有工程、网络、医学、生命、环境生态等。现有的针对科技伦理治理的不同领域的研究成果如下。

一是生命伦理学相关研究。有学者以生命科技发展为法学和伦理学领域带来的冲击为切入点,深入分析了生命法学和生命伦理学面临的诸多问题(古津贤等,2014),有学者审视当代生命科技的伦理问题,进而提出了生命伦理的法律化观点(李春秋,2002)。卢风(2011)研究科技与道德、科技与人类生活方式以及科技与文明的关系,并对现代人所追求的自由进行了批判性反思。科技伦理与学校道德教育息息相关(张春燕,2009),尤其是高校科技伦理教育的问题是研究关注的重点(郗芙蓉等,2011)。梅春英和徐学华(2023)以人类基因增强技术为例,指出其研究和应用带来了新的伦理、法律和社会问题,亟须政府、专家、企业、公众等相关利益主体,在伦理原则指导下解决问题。

二是人工智能伦理学相关研究。有学者认为,随着人工智能科技的飞速发展,机器人与人工智能产品越来越多地进入到公众的视野当中,由此也引发了一系列的伦理问题(杜严勇,2022)。有学者认为,大数据技术应用的伦理探究是科技伦理治理的首要之义(韩子莹,2019),我国网络通信安全中的伦理问题研究(陈庆,2013)和科技伦理视角下的网络新媒体研究(刘永君,2017)等受到了学者的关注。有学者认为,在看到人工智能、大数据等新技术在提升金融服务便利性的同时,也需要完善金融科技伦理治理(马嫚等,2022)。

三是医药伦理学和生物伦理学相关研究。医药伦理是科技发展中最不能忽视的一个方面,过度医疗的伦理问题(姜冬雪,2020)、过度整形美容的伦理考量及其治理(刘彩凤,2020)乃至科技伦理与生物医学研究等问题受到了学者的持续关注。有学者认为,对战争进行伦理约束在全球紧密联系的趋势下更为必要(何怀宏,2016)。有学者认为,智能化武器运用带来的现实危害和人工智能技术潜藏的风险,使智能化战争伦理问题的研究不断深入(刘于民,2019)。另外,相关研究还包括农业科技伦理的问题(黄永奎,2008)、学术伦理及其规制(龙红霞,2014)等领域的讨论。

(五)关于科技伦理治理的体制机制研究

当前科技伦理治理逐渐向全过程、全流程、全领域扩散,科技伦理治理已经不仅是政府单方面的责任,还需要医疗机构、企业、高校和科学共同体等共同参与,共同构建科技伦理治理体系。[①]随着国家科技伦理委员会的组建,科技伦理治理体制机制不断完善,科技伦理治理已经取得积极进展。科技伦理治理在国家总体科技创新战略与全局性科技治理架构中,已经成为优先考虑的事项。[②]

一是关于科技伦理治理体制机制的必要性研究。有学者认为,推动科技向善以加快构建中国特色科技伦理体系,是科技伦理治理体制机制研究的指引与基础(刘垠,2022);有学者认为,健全科技伦理治理体制机制,已成为当下推动科技创新的重要制度保障(陈秋萍,2022)。谢尧雯等(2021)认为,科技伦理治理机

---

① 参见:潘建红,杨珊珊.以科学共同体实践机制推进科技伦理治理[J].中国科学基金,2023,37(3):372-377.

② 参见:操秀英.推进科技伦理治理 护航科技强国建设[N].科技日报,2022-03-21(2).

制以解决新兴科技伦理困境为目标,通过设定伦理评估、伦理辩论、伦理行为规范的方式,推动社会对新兴科技创新与发展进行持续性伦理反思。郑小兰(2021)认为,多个主体的角色缺位和主体必要的相互联系的缺失,是中国有效伦理治理机制难以形成的重要原因,这为讨论中国的科技伦理治理机制埋下了伏笔。潘建红(2015)在明确科技带来的伦理问题的现实影响下,从生态伦理、生命伦理、网络伦理及核伦理等四个方面来进行分析,论述科技与伦理关系的实然解析与应然诉求,重点研究科技与伦理互动的内在关系与互动机制。马婉宁、陈亚平和韩凤芹(2024)基于治理目标、主体、对象、手段和模式五方面要素,构建了"一体一基三翼"的科技伦理治理机制,为促进中国科技伦理治理顶层设计更好"落地"提供参考。

二是关于科技伦理治理不同体制机制的研究。科技发展让新的伦理需求应运而生,方辰(2020)认为,政府在科技伦理治理体制机制完善中扮演主要角色,从法治的视角出发,建议完善科技伦理相关立法、健全科技伦理治理运行体制机制、强化科技伦理监管机制、优化科技伦理审查制度、构建科技伦理共治模式。李建军(2021)提出应重视和加强科研机构伦理审查机制建设,让科研机构伦理审查机制成为国家科技治理体系和治理能力现代化建设的基础性制度安排。于雪等(2021)认为,应尽快完善相应的科技伦理治理制度建设,发挥各类治理主体的协同治理作用,我国科技伦理治理的下一个阶段目标就是通过制定合理的科技伦理治理机制实现对我国关键性技术的伦理治理。李秋甫、张慧等(2022)明确了在反思性发展观的指引下,以发展为核心形成治理新规则,以治理为引导塑造发展新路径,最终形成促进创新与防范风险相统一的科技伦理治理体系。潘建红、杨珊珊(2023)从科技发展的内生需求和科学共同体发挥治理功能的价值表现两个层面对科学共同体推动科技伦理治理的必然性进行了分析,同时对科学共同体推进科技伦理治理的实现机制,如协同治理机制、监督评价机制和宣传教育机制等进行了探索。杜盼盼和徐嘉(2024)认为建立全过程的伦理审查机制至为关键,该机制可以分为议程设置、产品研发和使用三个阶段,而每个阶段的伦理风险特征也有所不同,需要构建与之相匹配的伦理审查形式或制度。

（六）关于科技伦理治理的问题及其对策研究

学者对于科技伦理治理问题的研究视角与侧重点是多元化的。张梅珍（2005）提出，可持续发展与现代科技伦理构建息息相关，树立科学的发展观，以人为本、协调科技与社会的综合发展，贯彻实施科教兴国战略、提高国民素质等是我国科技伦理构建的基本对策。薛桂波和汪禹辰（2022）从范式转换的层面，提出了要从当前中国科技发展实际出发，构建科技伦理治理的本土范式和行动框架。

一是关于科技伦理治理问题的研究。周琪（2022）认为当前我国科技伦理治理仍存在碎片化和滞后性，在对新兴科技领域的规则冲突、社会风险、伦理挑战的前瞻研判，法律规范的细化，伦理审查与监管，科技创新主体伦理意识，公众参与，教育宣传以及研究管理人才等方面也仍有待加强和完善。孙美堂（2002）聚焦高科技时代的伦理困境与对策，从战争伦理、生命伦理、医学伦理、环境伦理、人类社会伦理等方面展开论述。赵迎欢（2004）认为，医药伦理治理要依据准则行动，中西医药学伦理思想具有一定的兼容性，是生物医药科技发展飞速发展下治理的理论基础。许嘉齐（2010）认为，要促进生物医药科技发展并提高医药伦理审查质量，以此把握人类伦理价值，为医药伦理治理提供方向。程现昆（2011）将"科技与人"相互作用的关系问题作为研究的基本问题，在批判分析的基础上重建了科技伦理的结构，探讨了科技伦理的价值构成，并最终对科技伦理的当代生存与发展予以理性关怀。李建会等（2013）主要围绕对当代社会影响最大的纳米科技、信息科技、生命科技和认知神经科技这四大领域展开研究，关注当代科技的这四大领域的研究前沿可能面临的伦理挑战问题。人工智能存在人权困境、安全困境和责任困境等伦理困境（崔志根，2021），有学者从义务论、功利主义、美德伦理学理论的视角分析人工智能威胁问题及其对策（李熙等，2019）。

二是关于科技伦理治理问题的对策研究。钱振华（2017）以人类重组DNA技术、虚拟现实技术、农业转基因技术、网络信息科技、核技术和机器人技术这六个发展迅速且影响较大的科学技术领域为线索，深入剖析此类技术在发展和应用中引发的安全、社会等问题，并呼吁一种可行的伦理意识的树立和培养，以此来推动科技健康、快速、高效发展。谢敏洁（2019）认为，解决人工智能技术带来的科技伦理问题，需要政府、社会、科研人员与广大群众的携手努力，建立人工智能技术的科技伦理体系。陈芬（2004）认为，现代社会应用审视的眼光对科技理性进行价值伦理关怀,并为科技伦理的综合发展方向提出了建议。许灵红(2020)认为,在科研伦理风险日益严峻的形势下,需要发挥制度优势,防范和化解科研伦理风险,即出台科研伦理规范、加强对科研伦理的监管、推进科研伦理法律化、强化科研人员伦理意识、加强科研伦理教育引导。操秀英等(2023)认为完善科技伦理治理可从四个方面着手,即防范科技伦理治理风险、强化科技伦理教育培训机制、完善科技伦理审查监督体制以及加强科技伦理国际合作。郝凯冰(2024)认为,从总体政策的角度完善科技伦理治理政策体系是加强科技伦理治理制度保障的必要前提。

二、国外研究现状

国际社会已将研究深入到现代科学规范伦理领域,譬如,生物伦理、医学伦理、信息和网络伦理、生态伦理、技术和工程伦理等。总体上,国外对科技伦理思想的研究起步较早,学者对科技伦理治理的研究多是在哲学和伦理学的视域下进行的,已形成较为丰硕的研究成果。通过检索发现,国外文献主要集中在科技与伦理关系的研究、科技伦理治理规范的研究以及科学技术管理伦理等方面。

(一)关于科技与伦理关系的研究

关于科技与伦理关系的紧密结合,国外的学界有着许多深入浅出的讨论。在科技与道德的关系研究上,国外学者大多持三种态度,即科学技术与道德伦理契合论,科学技术与道德伦理规范论,科学技术与道德伦理对立论。苏格拉底提出的"知识即美德"观点,是对道德伦理价值的充分认可,也是科学技术与道德伦理契合的基础。除了柏拉图、亚里士多德等古希腊先哲大力奉行科技道德准则,英国著名物理学家、科学学奠基人贝尔纳也强调伦理道德对规范科技工作者行为的作用,他在《科学的社会功能》中指出:"我们不希望人们决定当科学家仅仅是由于科学工作收入丰厚,或者……由于当科学家能摆脱商业工作的许多令人不快的限制。"[①]卢梭认为科技进步是使人堕落退化的根源,十分显著地表现出了科学技术与道德伦理对立论,他认为科技与伦理反而会相互抵抗,在他看来,一

---

① 贝尔纳.科学的社会功能[M].陈体芳,译.桂林:广西师范大学出版社,2003:285.

切卑劣行为与道德败坏的根源都归于科学与艺术的发展。[①]在科学研究道德准则方面,美国著名的科学社会学奠基人默顿主张应当避免"纯科学"的倾向,在系统研究科学的人文精神内涵基础上提出了普遍性、公有性、无功利性、有条理的怀疑四大科技道德准则。[②]

(二)关于科技伦理治理规范的研究

大部分国家及组织已经基本认同,科学技术的研究及其应用需要伦理规范,各国为了实现良法、善治,在新兴科技领域已经将伦理和法律融为一体,科技伦理已不局限于道德层面。[③]基于科学和哲学的角度,加拿大学者许志伟等在《生命伦理对当代生命科技的道德评估》一书中对基督教神学位格伦理的人道主义作了现代阐发,在讨论优生、堕胎等问题时,涉及伦理学、生理学、医学、神学、法学等领域,为生命伦理学提供了重要参考。[④]瑞士学者尼可莱塔·亚科巴奇在《科技与伦理》一书中主要探讨人类和新兴科技的关系以及人类与科技的发展历程,该书旨在促进科技、哲学以及新兴伦理标准的对话,并培养对新兴科技可能会带给人类种种后果的危机意识。[⑤]荷兰学者西斯·J.哈姆林克在《赛博空间伦理学》一书中阐释赛博空间是由数字技术创造的虚拟空间,为治理赛博空间提供了有意义的道德之道。[⑥]在人类世界的现实科技行为中,医疗行为直接关乎人类自身的繁衍、生存、幸福与否,并在一定程度上影响到了社会的和谐稳定发展。美国学者蒙森等在《干预与反思:医学伦理学基本问题》一书中讨论了医学伦理学在科技伦理领域内的重要地位,在医学伦理学领域,医疗科技资源配置、医患关系处理及其相关的社会责任、药品与医疗器械开发及利用中的道德责任,因其高度的社会关注与讨论成为重点领域,特别是人工流产、辅助生育、胎儿性别鉴定、个人隐私、知情同意等更是敏感领域。[⑦]

① 参见:卢梭.论科学与艺术[M].何兆武,译.北京:商务印书馆,1963:11.

② 参见:柳丽萍.现代科技发展的伦理审视[D].长春:吉林大学,2020:6.

③ 参见:方辰.科技伦理法制化研究[D].上海:华东理工大学,2020:4.

④ 参见:许志伟.生命伦理:对当代生命科技的道德评估[M].朱晓红,编.北京:中国社会科学出版社,2006:19-21.

⑤ 参见:尼可莱塔·亚科巴奇.科技与伦理[M].彭爱民,译.广州:暨南大学出版社,2019:1-57.

⑥ 参见:西斯·J.哈姆林克.赛博空间伦理学[M].李世新,译.北京:首都师范大学出版社,2010:8.

⑦ 罗纳德·蒙森.干预与反思:医学伦理学基本问题[M].林侠,译.北京:首都师范大学出版社,2010:35-71.

(三)关于科学技术管理伦理的研究

关于科学技术管理伦理的研究,主要包括"企业管理伦理""医疗管理伦理""政府管理伦理""科技管理伦理""管理伦理理论"等方面。20世纪以来,管理学与伦理学两大学科领域开始接轨,这为管理学理论提供了关于人的行为与信仰、价值观念之间的根本矛盾的理论源泉,推动管理学理论实现了从方法论到认识论再到矛盾论的三阶发展,成为管理学理论发展的重要里程碑。[1]在科学技术管理伦理中,科技伦理管理主体对于科技伦理的认知是其核心所在,国外学者更多是从科技管理过程中的组织及其人员责任角度强调的,而这一责任则是基于近代环境问题、战争问题、科学研究带来的负面影响等问题提出的。[2]具体研究主要包含以下几方面:医疗管理伦理方面,包括远程医疗中伦理和法律挑战研究(Nittari et al.,2020)、人工智能的临床医学伦理(Keskinbora et al.,2009)、医学技术教育中的伦理学(Toader et al.,2010)、在线心理治疗中的伦理问题(Stoll et al.,2019)、健康管理伦理学(Goebel et al.,2017);人工智能与伦理学方面,包括全球人工智能道德规范(Jobin et al.,2019)和大数据背景下生物医学领域伦理学问题研究(Mittelstadt et al.,2019);基因、农业与伦理学方面,包括应用强大工具的道德考量(Brokowski et al.,2019)和农业生物技术的经济、环境、伦理研究(Bennett et al.,2013)。

三、对现有研究的述评

科技与伦理之间的关系,既是一个理论问题,也是一个实践问题。当前,国内外的研究主要涉及科技伦理治理理论、科技伦理治理不同领域、科技与伦理道德的关系、科技伦理治理体制机制等问题。总体上,学者对于科技伦理治理的相关研究仍多是停留于澄清伦理问题、界定伦理界限、规范制度建设等方面,而较少涉及问题背后的伦理与治理关系。同时,也有不少科技工作者认为科技伦理治理的某些内容阻碍了正常的科研秩序,二者的紧张关系需要被打破。[3]学者从

---

① 参见:王续琨,戴艳军.管理伦理学的学科结构和发展对策[J].齐鲁学刊,2004(6):132-136.
② 参见:李科.中西科学家社会责任之比较:兼论我国科技伦理的特点[J].科学学研究,2010,28(11):1606-1610.
③ 参见:李秋甫,张慧,李正风.科技伦理治理的新型发展观探析[J].中国行政管理,2022(3):74-81.

不同层面、不同视角对科技伦理进行了相关研究,但仍未系统研究科技伦理治理体制机制问题,导致研究资料比较缺乏。杨杰等(2023)认为国内外对科技伦理治理研究主题的差异,在一定程度上是因为国内的颠覆性技术起步较晚,颠覆性伦理治理机制的研究仍处于初级阶段,尚未形成系统的颠覆性技术治理模式,缺乏方法层次和实践层次的深入探讨。

综上所述,国内外有关科技伦理治理的研究已较为丰富,涉及领域广泛、理论研究基础扎实,且有充分的科技伦理治理实践经验为保障。当然,已有研究的不足之处,主要体现在两个方面。一是研究领域不均衡。医药科技伦理、科学伦理、科研伦理、技术伦理、学术伦理、科学技术伦理、工程伦理、生命伦理、医学伦理、人工智能伦理和大数据伦理是目前科技伦理治理比较集中的领域,在各个方面研究的内容针对各个具体的领域、各种具体的问题讨论不够深入,导致有关研究成果比较分散,不够系统。二是研究拓展程度不够深入,尤其是理论性的探讨文章,多是对已有的丰富的科技伦理思想、理论进行整合、系统性分析和建构,而在一定程度上忽视了通过发挥科技伦理思想和理论的作用来完善科技伦理治理体系。可见,尽管人们已经意识到科技伦理治理问题的重要性,但是对于科技伦理如何全方位全面地构建体制机制尚缺乏一个完整的体系。基于此,本书将在目前有关科技伦理治理的研究成果的基础上,结合风险社会理论、公共价值理论、善治理论、共同体理论等,通过国内外技术与理论的客观分析,总结科技伦理治理的现状,讨论科技伦理治理的现有主体及治理的内容领域,对科技伦理治理体制机制进行尽可能全方面、多层次、前沿和客观的实证评价,从而健全科技伦理治理体制的框架和制度。

第三节　研究思路与方法

科技伦理治理涉及行为主体、受试客体、环境要素等,需要针对主客体以及不同环节进行规范体系建设,对科研活动主体开展科技伦理治理教育培训,针对科研活动涉及的各个方面进行风险防范,要在坚持科技伦理治理特色的同时,主动融入世界科技伦理治理框架。[①]提升科技伦理治理水平不仅能够推动体制机制研究框架的形成,还能够形成正确的社会价值的引导,实现科学技术与伦理道德的同频共振。

一、研究思路

共同体是完善科技伦理治理体制机制的未来趋势。本书遵循"问题提出—理论阐释—实证检验—对策建议"的基本思路,首先提出现实需求与理论缺口的研究价值,阐释科技伦理、科技伦理治理、体制机制和共同体四个核心概念的内涵,梳理指导本书的风险社会理论、公共价值理论、善治理论和共同体理论及其借鉴性,奠定本书的理论分析框架;其次从科技伦理治理的现有主体、内容领域、政策体系、现实成效出发,构建指标体系并实证检验科技伦理治理体制机制的效能,从而深入挖掘科技伦理治理体制机制的梗阻及其成因;最后从健全科技伦理治理体制的框架、优化科技伦理治理机制的制度、完善科技伦理治理体制机制的路径着手,在提出相应对策建议的同时,对人人有责、人人尽责、人人享有的科技伦理治理共同体进行展望。

二、研究框架

本书首先分析研究背景与意义、研究思路与方法,以及研究的概念界定和理论借鉴,以此奠定本书的理论分析框架;其次描绘科技伦理治理的现有主体、内容、政策,从而挖掘科技伦理治理体制机制的梗阻及其成因;最后通过对科技伦理治理体制机制的总体框架、制度与路径的构建,展望人人有责、人人尽责、人人享有的科技伦理治理共同体,最终为科技伦理治理提供实践建议。基于章节层面的研究框架安排如下。

第一章,导论。阐释本书的研究目的和意义、国内外研究现状、思路与方法、框架与创新点。通过分析选题背景和研究意义,对科技伦理治理领域的国内外

---

① 参见:操秀英,王星,吕栋.科技伦理治理的基本构成与实践思考[J].中国科学基金,2023,37(3):387-392.

研究现状的资料调查与综合分析,最终明确研究内容,即对科技伦理治理体制机制进行尽可能全面、多层次、前沿和客观的研究,从而健全科技伦理治理体制的框架和制度。

第二章,概念界定与理论借鉴。在对科技伦理、科技伦理治理、体制机制、共同体等概念进行界定和区分的基础上,梳理本书主要借鉴并运用的四个理论,即风险社会理论、公共价值理论、善治理论、共同体理论,进而奠定本书的理论分析框架,最终证实完善科技伦理治理体制机制不仅是科技发展的现实需要,而且是科技与伦理发展到一定阶段的历史必然。

第三章,科技伦理治理的现实样态描绘。梳理科技伦理治理的现有主体,即政府及相关部门(科技部门、卫生医疗部门等)、科技创新机构(高等学校、科研机构、企业等)、行业协会与研究会等,进而探索科技伦理治理的内容领域,并通过分析政策目的、政策内容等,展示科技伦理治理完整的政策体系,最终从不同方面、不同领域呈现科技伦理治理的现实成效。

第四章,科技伦理治理体制机制的梗阻挖掘。通过将科技伦理治理体制机制作为一个系统,对其基本要素及相互之间的联系进行分析,在科技伦理治理现状描绘的基础上,探究科技伦理治理体制机制存在的主要梗阻,并对梗阻的成因进行剖析,反映科技伦理治理及其体制机制健全的必要性。

第五章,健全科技伦理治理体制的框架构建。根据解决科技伦理问题实际的要求,阐释多方参与作为健全科技伦理治理体制的总体要求,即在政府主导下构建科技伦理委员会、科技部门、相关行业主管部门共同参与的科技伦理治理管理体制,明确高等学校、科研机构、医疗卫生机构和企业等科技创新主体的伦理管理责任,分析科技伦理学会及相关行业、协会、研究会等科技类社会团体参与的意愿及渠道,指出科技人员需要遵守的科技伦理自觉意识。

第六章,优化科技伦理治理机制的制度保障。该章作为本书的核心内容,提出通过完善科技伦理规范和科技伦理准则,科技伦理审查和科技伦理监管制度,科技伦理风险监测预警与处置机制,科技伦理教育、培训与宣传机制,为解决科技伦理治理从价值体系到实际运作的问题提供可资借鉴的制度参考。

第七章,完善科技伦理治理体制机制的路径选择。从外部控制路径出发,针对科技伦理进行专门立法,完善科技伦理治理的法律法规;从内部控制路径出发,一方面要加强教育,提升科技人员的道德品质,另一方面构建科技类组织文化,基于此,提出可行性建议与对策,找到解决具体科技伦理治理问题的对策和出路。

第八章,迈向人人有责、人人尽责、人人享有的科技伦理治理共同体。科技伦理治理与共同体之间有着天然的理论关联,科技伦理治理共同体是完善科技伦理治理体制机制的必然走向。科技伦理治理共同体中的"人人有责""人人尽责""人人享有",既是其基本特征的体现,也是其理论与现实的要求所在。在科技伦理治理共同体建设中,需要处理好多元主体之间的关系,在满足一定条件的基础上,分阶段地逐步推进。

第九章,研究结论与展望。对本书的结论、局限以及今后研究的前景进行展望,研究认为,科技伦理治理问题为当务之急,科技伦理体制机制的构建及完善具有极强的现实价值与学术价值,论证最终将迈向人人有责、人人尽责、人人享有的科技伦理治理共同体。

三、研究方法

根据共同体与科技伦理治理的研究主题及其性质,本书采用归纳分析与演绎分析相结合、宏观分析与微观分析相结合、比较分析与案例分析相结合的方法,具体方法主要有文献研究法、案例研究法和比较研究法等。

第一,文献研究法。文献研究法是一种传统的研究文献的方法。本书基于文献研究法,系统地搜集、整理与本书相关的学术专著、中外期刊文献及其观点。主要包括科技伦理治理思想、科技伦理及其治理、科技伦理治理的内容、科技伦理治理不同领域、科技伦理治理的体制机制、科技伦理治理问题及其对策、科技与伦理关系、科技伦理治理规范、科学技术管理伦理等内容,以此明确核心概念,构建研究的逻辑起点,从而为具体研究的展开提供参考依据。

第二,案例研究法。案例研究法是一种普遍运用的理论建构方法,适用于解答某一事件或现象"如何""为什么"的问题。本书通过列举并分析科技在应用过程中所引发的伦理问题及其如何解决的具体案例,不仅有助于找到科技伦理治理的现实梗阻及其成因,也为健全科技伦理治理体制的框架、优化科技伦理治理机制的制度、完善科技伦理治理体制机制的路径提供了有力支撑。

第三,比较研究法。比较研究法主要是通过横向的国内外比较、纵向的历史比较,从中归纳出不同事物之间的差异、同一事物的发展规律。由于科技伦理治理、共同体等概念和理论不是中国独有的,而是在国内外学界、实践工作中都存在的,本书在对科技伦理治理、共同体的概念界定、理论借鉴以及实践分析中,注重比较和分析国内外的不同观点、做法,从而基于中国独特的国情,提出更加具有针对性的科技伦理治理体制机制层面的对策建议。

第四节　研究的创新及特色

迈向共同体的科技伦理治理体制机制是一个崭新的研究领域。较之以往相关研究,本书研究的创新与特色主要体现在研究视角、研究内容与研究方法三个维度,这是研究价值的核心体现。

一、研究视角的创新

本书将共同体与科技伦理治理体制机制置于统一的分析框架,从科技伦理治理体制机制的理论与实践逻辑研究科技伦理治理共同体,综合管理学、哲学、社会学、经济学、政治学等相关理论,进行学科交叉研究。国内外已有研究多是聚焦于科技与伦理关系、科技伦理及其治理中的风险问题与对策,而从共同体视角探讨科技伦理治理及其体制机制问题的研究较少。本书通过对科技伦理治理体制机制与共同体的理论探索和实证检验,探讨迈向共同体的科技伦理治理体制机制,对已有的科技伦理治理研究进行补充。

二、研究内容的创新

本书既有对科技伦理治理、体制机制、共同体的理论研究,还有对科技伦理治理体制机制现实样态及梗阻成因的实证研究,更有对科技伦理治理体制机制的框架、制度与路径的政策研究，以及迈向共同体的前瞻性研究。具体来说，本书厘清了科技伦理治理与共同体的概念内涵，明晰了共同体、科技伦理治理体制机制之间的关系；勾勒了科技伦理治理体制机制的优化对策及未来走向，这些是本书新的学术观点的集中体现。

三、研究方法的特色

本书综合运用管理学、社会学、经济学等学科领域方法展开研究，注重归纳分析与演绎分析相结合、宏观分析与微观分析相结合、比较分析与案例分析相结合的方法特色。应用案例研究法，深入挖掘科技伦理治理体制机制的梗阻及其成因、科技伦理治理实践中的典型经验；结合比较研究法，基于归纳得到的国内外科技伦理治理差异性与共同性，从中国国情出发提出科技伦理治理政策建议。为促进多学科之间的交叉研究提供了些许特色。

第二章

概念界定与理论借鉴

厘清相关概念是增强理解和认知的过程,有助于更好地把握研究主题。科技伦理、科技伦理治理、体制机制、共同体作为科技伦理领域的话语名词,也是本书的基础概念。在理论方面,本书引入经典的风险社会理论、公共价值理论、善治理论和共同体理论,为中国的科技伦理治理实践提供契合中国情境且丰富的理论支持,揭示中国科技伦理治理的一般性规律,为建立健全科技伦理治理体制机制提供理论基础,既能与传统理论形成对话,也为解释中国本土实践提供了可能。

第一节　核心概念界定

核心概念的界定和阐释是研究学理化的基础,关系到研究基本内容和方向的确定,只有精确把握核心概念的内涵和外延,才不会产生歧义,从而明确研究对象和研究思路。本节通过对科技伦理、科技伦理治理、体制机制、共同体进行界定和阐释,为科技伦理治理体制机制的健全完善提供学理性基础。

一、科技伦理

凡是科技本身或者科技研究和应用过程中引发的关乎道德、义务、责任、价值等方面的问题均应属于科技伦理范畴。[①]《意见》指出,科技伦理是开展科学研究、技术开发等科技活动需要遵循的价值理念和行为规范,是促进科技事业健康发展的重要保障。党的二十届三中全会《中共中央关于进一步全面深化改革、推进中国式现代化的决定》在"深化科技体制改革"部分,对加强科技伦理治理再次强调,特别注重对学术不端行为的严肃整治。

相比之下,国外学者多是立足于哲学视角,侧重于研究科技活动及其成果对社会所产生的负向效应,以此为基础,对科技伦理概念的内涵进行界定。从该角度而言,科技伦理不是伦理学这一学科领域之下的二级概念,而是一个高于科技概念、伦理概念的独立概念,可以被理解成由科技社会催生的一种全新的社会意识。如此一来,科技伦理不以任何的强制力为转移,它蕴含了科技指向的全新社会价值与目标。同时,随着科技的不断进步与发展,科技伦理逐渐演变为一种强大的社会统治力,对社会中人们的日常行为产生深刻影响。因而,基于此种意义的科技伦理是作为一种新的社会价值、目标选择而存在的。

在国内研究观点中,科技伦理不完全隶属于哲学范畴,也不只是局限于科技工作者的职业伦理要求,而是社会伦理体系在科技领域中的具体体现。科技伦理基于一定的社会经济和技术关系而存在,主要是依靠社会舆论、人们的传统观念、内在信念以及相关的法律和制度来维系;科技伦理是基于特定的社会伦理土壤而贯穿科技发展全过程和各方面的伦理标准,它在一定程度上引领、影响和制约科技活动的初衷、目的、对象、过程和结果,既是对科学技术的社会价值的深入定义和考量,又是对特定的科技活动及其结果的反思;科技伦理所要解决的主要矛盾是科技发展与社会发展之间的冲突,旨在实现科技运用的实践过程与社会伦理要求的内在统一。

关于科技伦理的定义,可以从狭义和广义两个角度来阐释。从狭义角度来看,科技伦理主要指的是科技工作中的伦理,更进一步地,是指从事科技活动的工作者所应坚守的职业伦理准则和伦理道德。可以得知,这一角度的科技伦理

---

① 参见:陈彬.科技伦理问题研究:一种论域划界的多维审视[M].北京:中国社会科学出版社,2014:15.

的约束对象只是局限于从事科技活动的工作者,是对科技工作者在科技活动中的行为约束,特别强调的是科技工作者的职业道德。从广义角度来看,科技伦理的约束对象除了广大的科技工作者之外,还应拓展到科技管理者、科技传播工作者甚至是社会公众。总体上,无论是狭义或者广义的概念界定,科技伦理在本质上是一种调节人与人之间关系的行为准则,旨在引导人们做出有道德、值得推崇的伦理行为。

综上所述,本书中的科技伦理是指科技活动中的人与人、人与社会、人与自然之间的伦理关系,主要是以广大科技工作者为主,包括科技活动的管理者、科技传播工作者、全社会公众等群体在内应该坚守的伦理准则和职业伦理道德,旨在规范科技活动使其符合道德要求。

二、科技伦理治理

科技伦理侧重于从理论角度研究科技和伦理之间的关系,探求促进科技发展的伦理原则,其具有明显的理论性与思辨性,而治理则具有极强的实践性,由此可见,所谓"科技伦理治理",就是在科技伦理指导下的科技治理活动。[①]科技伦理治理旨在完善公共政策的伦理向度,对科技创新活动进行有效的伦理规约。但是,既有的发展观念与科技演进的历史,往往呈现出发展与治理二者割裂的倾向。当代科学技术所带来的发展具备三个突出特征,"科技的内在发展属性""科技发展的不确定性"和"科技发展对象的转变",同时也构成了科技伦理治理面临的主要挑战。[②]当面对由科技创新活动所带来的科技伦理风险时,我们需要在科技伦理治理体制之下逐一解决科技伦理问题,通过深刻理解和把握科技向善的内涵,积极引导科技工作者、社会公众等主体向科技善治的方向发展。只有在科技伦理治理过程中,从国家、社会和个人层面更好地常态化应对科技伦理风险、公共危机事件,才能在世界新一轮的科技革命浪潮中把守科技伦理底线、把握科技创新边界,从而有效防范科技伦理失范问题。

① 参见:李校堃.关于科技伦理治理差异化原则的思考[J].人民论坛,2021(2):6-8.
② 李秋甫,张慧,李正风.科技伦理治理的新型发展观探析[J].中国行政管理,2022(3):74-81.

综上所述,本书中的科技伦理治理面向广大科技工作者、科技活动管理者、科技传播工作者、全社会公众等群体,通过强化伦理准则和职业伦理道德思想教育,制定完善科技伦理规范和标准,提供充分的科技伦理治理制度保障,使各主体在科技伦理指导下开展科技治理活动,动态调整治理方式和伦理规范以快速、灵活应对科技创新带来的伦理挑战,提高科技伦理治理的法治化水平。

三、体制机制

体制是指关于国家机关、企事业单位的机构设置、管理权限划分以及相应关系的宏观制度,是对于组织建设形式、体系的一种制度性设计。机制是指一种有机的制度,侧重于强调制度中的不同主体之间的有机联系、彼此运行关系,譬如管理机制指的是管理系统中的组织结构及其运行机理。从两个概念的界定可知,体制的侧重点在于宏观层面,重在对管理主体、管理内容、管理方式、管理边界等基本制度进行规范并使其形成体系;相比之下,机制的侧重点在于微观层面,是对管理过程中的某一个更具体的问题或者程度而提出的操作性流程。两者的联系在于,机制主要是在体制确定的总体框架内运行,当然也可能在体制范围外进行创新性探索。

当前,新一轮科技革命和产业变革方兴未艾,科学研究的范式也发生了重大变化。习近平总书记2023年2月21日在二十届中央政治局第三次集体学习时指出:"世界已经进入大科学时代,基础研究组织化程度越来越高,制度保障和政策引导对基础研究产出的影响越来越大。"何谓"大科学时代"? 这是相对于"小科学时代"而言的。"大"作为"大科学时代"的显著特征,主要体现在需要解决的科学问题高度复杂、科学研究活动规模更大、跨越的学科领域更多、研究设施更为特殊以及科研结果对经济社会发展的影响更为深远。在大科学时代,科学共同体推进科技伦理治理,要坚持"科技向善"的伦理价值导向,构建协同治理机制,推动各伦理责任主体共同发挥作用。[①]大科学时代对科技伦理治理

---

① 参见:潘建红,杨珊珊.以科学共同体实践机制推进科技伦理治理[J].中国科学基金,2023,37(3):372-377.

体系、科技伦理治理能力的要求更高,需要确保能够有效防控科技伦理风险,在实现高水平科技自立自强的基础上推动科技向善,增进人类社会福祉。

综上所述,本书中的科技伦理治理体制机制是指涵盖科技伦理治理机构、科技伦理治理人员、科技伦理治理制度、科技伦理治理权限、科技伦理治理机制等在内的有机系统,主要内容包括政策制度层面的建构、执行操作层面的运行,核心在于科技伦理治理机构的职权划分和机构之间的协调配合,要求构建以科技伦理治理不同主体为重心的体系,健全科技伦理规范和标准、科技伦理审查和监管制度、科技伦理风险监测预警与处置机制、科技伦理宣传教育机制等。

四、共同体

共同体(Community)在社会科学领域一直饱受关注,但学界对其定义争议不断。普遍的观点是,德国社会学家费迪南·滕尼斯(Ferdinand Tönnies)在1887年发表的《共同体与社会——纯粹社会学的基本概念》中首次明确共同体在社会学领域的基本定义,即共同体是一种人类生活形态,建立在人的意志的基础上,通过地缘或血缘联系而形成。滕尼斯认为,共同体和社会是两种不同的人类生活形态,社会是基于实现利益最大化而建立的,而共同体是源于人类的基本社会关系而建立的,共同体的存在方式更加稳定和牢固。英国学者杰拉德·德兰提(Gerard Delanty)的专著《共同体》,可谓共同体的百科全书,展现了从古至今涉及多领域的西方共同体理论的全景图。从公元前4世纪直到21世纪,共同体理论在不同时期拥有不同阐释,但"归属"和"身份"两个词几乎贯穿各个时期,在不同视域下呈现出不同的内涵,这是共同体的重要特征。[①]

马克思主义的共同体思想与历史唯物主义是同步发展的。马克思主义认为共同体是建立在劳动的基础之上的,由劳动这种生产活动建立的社会关系是共同体的本质,因此,共同体随着社会关系和生产关系的改变而改变。在共同体中,个人不再孤立地追求自身的利益,而是与他人一起追求共同的目标和利益。这种共同体意识和归属感让个人感到自己是社会的一部分,从而促使个人更加

---

① 参见:甘文平.西方"共同体"理论建构的世纪跨越:兼评杰拉德·德兰提的专著《共同体》[J].当代外国文学,2020,41(2):118-124.

积极地参与共同体的建设和发展。这种合作和互助的氛围提供了一个有利于个人发展的环境，个人可以从他人的经验和知识中学习，发挥自己的特长和优势，从而提高个人的技能和能力。同时，共同体也会为个人提供一系列的机会和资源，支持个人的成长和发展。

除此之外，中华优秀传统文化在一定程度上也反映了共同体思想。"和而不同"的传统思想旨在强调人与人之间应该相互尊重、相互包容、相互发展，以实现一个和谐、稳定、创新的社会。与"和而不同"思想较为类似的是，共同体思想强调一个共同的目标，强调个人和集体的互动，不排斥个体的自由和个人价值，鼓励人们在共同体中保留自己的独特性。"天下为公"的传统思想强调全体人民都是平等的，所有资源都是人们平等享受的。共同体是互相联系、互相帮助、互相扶持的，通过共享资源和权利来实现共同体的稳定和发展。这两种思想在实践中有着千丝万缕的联系。实现"天下为公"需要在全社会范围内构建一个稳定、和谐、公正、可持续的社会环境，而共同体思想正是构建这种社会环境的核心。"德法共治""传统民本"等优秀文化也与共同体建设有着千丝万缕的联系，是我国现代共同体建设的思想基础和文化基础。

2012年，党的十八大明确提出倡导"人类命运共同体"意识，其核心是合作共赢，这是共同体理念在国际层面的创新性表达。2014年，习近平总书记首次提出"中华民族共同体"这一话语与命题，这是基于传统共同体思想在处理民族问题时提出的新方案。2019年，党的十九届四中全会公报明确提出建设"社会治理共同体"，代表着共同体理念在社会治理领域实现了新的突破。①2022年，党的二十大报告继续强调"社会治理共同体"的建设特征、要求等。2024年，党的二十届三中全会通过的《中共中央关于进一步全面深化改革、推进中国式现代化的决定》指出"推动构建人类命运共同体""健全铸牢中华民族共同体意识制度机制"。由此可知，共同体的提出由来已久，时至今日仍被党、政府及国内外社会各界高度关注，而且在不同领域中的共同体侧重点均有所差异。但总体上，从"人类命运""中华民族"到"社会治理"的共同体变迁趋势中，可知共同体的着眼点、侧重点正在具体化、落地化。

---

① 参见：刘伟，翁俊芳."社会治理共同体"话语的生成脉络与演化逻辑[J].浙江学刊,2022(2):24-36.

第二节　相关理论借鉴

随着新一轮科技革命和产业变革的出现,世界发展格局与面貌正在深刻改变。任何一项新的科学发现、新的技术突破在为人类社会福祉贡献力量的同时,都有可能伴生一系列的伦理风险或者挑战,这就要求在科技伦理治理领域进行前瞻性布局、体系化设计。[①]具体来说,一是风险已渗入科技治理和科技伦理的诸多领域,需要将社会风险嵌入科技伦理治理中进行分析,形成较具特色的研究范式;二是随着科技伦理问题的加剧以及公众民主意识和参与意识的增强,公众以更高的标准要求公共部门,需要借助规范的行政程序、传统智慧以及公共意识突破科技伦理风险困境;三是科技与善治之间相互促动,科技使善治更有力量,善治使科技更有温度,智能时代的科技创新与发展始终面临如何向善的问题;四是科技伦理治理涉及的主体是多元化的,不同主体的职责定位、行为方式差异明显,但始终基于共同的价值、利益、情感等导向。因此本节主要选择风险社会理论、公共价值理论、善治理论和共同体理论进行梳理,以期能够为后续研究提供理论借鉴。

一、风险社会理论

随着科学技术的飞速发展,风险已渗入科技治理和科技伦理的诸多领域。在风险研究的相关理论中,以乌尔里希·贝克(Ulrich Beck)、安东尼·吉登斯(Anthony Giddens)等为代表的风险社会理论影响最为广泛和深远,有助于形成比较具有特色的研究范式。[②]基于风险社会理论的分析框架,将风险社会理论与科技伦理治理相结合,能够更好揭示科技伦理风险的生成逻辑、认知取向,进而探讨科技伦理治理的风险规避策略。

---

① 参见:周琪.我国科技伦理治理体系建设任重道远[J].中国人才,2022(5):60.

② 参见:杨永伟,夏玉珍.风险社会的理论阐释:兼论风险治理[J].学习与探索,2016(5):35-40.

(一)风险社会理论的提出

风险社会理论是一种针对现代社会的批判性理论,由德国社会学家乌尔里希·贝克于20世纪80年代提出。贝克认为,现代社会面临着越来越复杂和普遍化的风险,这些风险已经超越了国家和政府的能力范围,导致了风险社会的出现。风险不再是自然灾害和人为事故等特定事件的概念,而是一种普遍存在的现象。风险具有普遍性和跨越性,需要各种组织和个体的协作和合作来进行管理和控制。这一理论因其对现代社会深刻的思考和批判,已经成为当代社会学领域的重要理论之一。风险社会理论的发展脉络可以追溯到20世纪60年代,当时欧洲和美国出现了一系列的环境和科技灾难,这些事件引起了人们对现代化进程中的风险问题的关注。在此背景下,贝克在20世纪80年代提出了风险社会理论。他认为,现代社会面临的风险越来越复杂和普遍化,对人类社会产生了重大影响。此后,这一理论得到了广泛的讨论和发展,其他学者如安东尼·吉登斯和斯科特·洛拉什(Scott Lash)等人也纷纷关注和引用了这一理论。另外他还强调了公民社会和参与民主的重要性,认为只有通过广泛的公民参与和民主决策,才能够有效地解决风险问题。

安东尼·吉登斯在其著作《现代性与自我认同》中指出,现代社会的风险是由科技和工业化进程的不可避免的风险所产生的。他认为,现代社会不再像传统社会那样有一个稳定的社会结构和秩序,而是处于不断变化和演化的过程中,人们面临着更多和更复杂的风险。吉登斯认为,风险社会的出现带来了一种新的现代性,对人类社会的传统观念和结构带来了巨大的冲击和挑战。[①]总之,风险社会理论的主要学者认为,现代社会面临着越来越复杂和普遍化的风险,这些风险已经超越了国家和政府的能力范围,导致了风险社会的出现。风险社会需要各种组织和个体之间的协作和合作,同时风险社会理论也强调了公民社会和参与民主的重要性。[②]

---

① 参见:安东尼·吉登斯.现代性的后果[M].田禾,译.南京:译林出版社,2011:31-34.
② 参见:易承志,龙翠红.风险社会、韧性治理与国家治理能力现代化[J].人文杂志,2022(12):78-86.

(二)风险社会理论的内容

风险社会理论的内容可以归纳为四个方面。一是风险普遍化和风险社会化。风险社会理论认为,现代社会面临的风险已经不再是自然灾害和人为事故等特定事件的概念,而是一种普遍存在的现象。风险已经普遍化并与现代化进程相伴随,成为现代社会的一种特征。风险社会化指的是现代社会面临的风险已经超越了国家和政府的能力范围,需要各种组织和个体之间的共同参与,协同联动。[①]二是风险的不确定性和不可预见性。风险社会理论认为,现代社会面临的风险具有不确定性和不可预见性。传统社会的风险是一些特定事件的概念,可以通过科学技术的研究和实践来预测和控制。然而,现代社会的风险往往是由复杂的技术、科学和经济因素交织而成的,这些因素的变化和演化难以预测和控制。因此,现代社会的风险不可避免地带来了不确定性和不可预见性的特点。三是风险的社会分布不均。风险社会理论认为,现代社会的风险并不是均匀地分布在整个社会中,而是存在着社会分布不均的问题。一方面,某些群体和地区面临着更多和更复杂的风险;另一方面,某些群体和地区则面临相对较少的风险。这种社会分布不均的现象往往会导致社会不公和不平等的问题。四是风险管理的挑战和复杂性。风险社会理论认为,现代社会面临的风险管理是一项极具挑战性和复杂性的任务。传统的风险管理方式往往只是针对特定事件进行处理,而现代社会的风险则涉及更加复杂和深远的社会经济问题。因此,风险管理需要更加广泛的社会协作和合作,需要多种组织和个体之间的参与和贡献。

综上所述,风险社会理论的主要内容包括风险普遍化和风险社会化、风险的不确定性和不可预见性、风险的社会分布不均以及风险管理的挑战和复杂性等方面,这些内容反映了现代社会面临的风险问题的复杂性和深度。正如吉登斯、贝克等人所言,风险社会的秩序并不是等级式的、垂直的,而是网络型的、平面扩展的,因为风险社会中的风险是"平等主义者",不会放过任何人。风险社会的结构不是由阶级、阶层等要素组成的,而是由个人作为主体组成的,有明确地理边

---

① 参见:刘靖子."风险社会"治理中统一战线的功能作用研究[J].湖南省社会主义学院学报,2023,24(6):69-72.

界的民族国家不再是这种秩序的唯一治理主体,风险的跨边界特征要求更多的治理主体出现并达成合作关系。

(三)风险社会理论的借鉴性

20世纪后半叶,风险因素在学术界和社会大众中均获得了高度关注。学者开始采用反思制度结构或社会文化等路径,剖析了技术滥用、制度滞后、风险文化构建等所引发的社会风险问题,从而产生了风险社会、风险文化等富有启发性的风险理论。贝克和吉登斯都从现代性的制度之维分析了风险问题,主要是基于对现代性的结构反思,但同时也触及了人们对于风险的意识与感知。贝克、吉登斯等人提出的风险社会理论,在很大程度上是对科技伦理治理的原因概括。

在风险社会中,提升科技伦理治理能力需要以社会科技特性为出发点,关键在于增强科技人员参与风险治理的意愿、能力,这也是建立健全科技伦理治理体制机制的重要内容。科技伦理问题在很大程度上是科技的整体进步而衍生的风险的体现,而风险评估永远无法排除对伦理、政治、经济、文化等因素的考量。风险社会的出现是经济全球化、科技革命浪潮中不可避免的现实境遇,但科技理性的滥用是导致社会风险产生和发展的根源,因而应将明确科技伦理的价值规范作为有效规避风险的方式。从事科技活动的工作者具有深厚的专业知识,这决定了他们应在重大的科技伦理风险事件中承担更多责任,但风险评估是一项非常复杂的工作,因此科技工作者在应对科技伦理风险时的伦理责任、法律责任等应有明确的规定。基于此,风险社会理论为本书分析科技伦理体制机制提供了一个更加符合中国情境的视角,也为本书构建分析框架提供了理论启发。

二、公共价值理论

随着科技伦理问题的加剧以及公民民主意识和参与意识的增强,公共部门面临着更严格的要求和更高的期望,需要借助规范的行政程序、传统的行政智慧以及公共意识突破科技伦理困境。以公共价值理论为基础的理论体系和分析框架对于应对科技伦理风险和提升科技伦理治理能力有着重要的理论和现实意义。

（一）公共价值理论的兴起

在经历传统公共行政和新公共管理两次范式的转变后,对于公共价值与社会公平的追求逐渐成为社会的主流与共识。[①]但在新兴科技快速发展的趋势下,技术应用的边界不断拓展带来了许多前所未有的道德和伦理的挑战,也加剧了个人隐私和数据安全的泄露风险,更危及社会整体的公平正义和持续发展。与此同时,科技产品的发展为社会带来更加深远的影响,尤其是其负面影响应当如何界定责任主体、明确目标从而实现有效监管和整改成为重要议题。马克·莫尔(Mark Moore)在其著作《创造公共价值——政府战略管理》中,深度整合战略管理理论、公共服务理论和治理理论等多个理论学派的精髓,系统阐释公共价值理论,为解决世纪难题提出新的思路和方向。

公共价值理论探讨了公共价值在公共管理中的重要意义,指出政府的角色应当是为公众和利益群体创造公共利益,满足公众的需求。[②]公共价值理论不仅是对传统公共管理理论的一次重大创新,更是对政治与行政关系的一次深刻再思考。将公共政策中的政治管理置于核心地位,重新定义了公共部门战略管理的边界与核心任务,为公共部门如何在复杂变化的环境中实现长期稳定发展提供了有力的理论支撑和实践指导。马克·莫尔首次提出"公共价值创造"概念,强调了公共部门应当允当探索者的角色,去寻找、确定并创造公共价值,去努力回答"怎么做才是有价值的"。公共价值理论始于对公共部门在发展战略制定与执行中所面临的复杂性和挑战的深刻洞察,公共部门需要兼顾多元利益主体之间的协同合作、利益平衡以及合法性保障等问题,这些共同构成了其独特性质。通过构建战略三角模型这一分析框架,紧密围绕价值使命的明确、政治支持与合法性的确立以及组织运营能力的强化三大支柱展开,其核心精髓在于颠覆性地重新定位政治与行政的关系,强调在公共政策制定与执行中,政治管理的核心地位,从而实现了理论内部的各要素之间的紧密逻辑联系与深层次互动。

---

① 参见:郑慧敏,李静.农村老年群体信息贫困治理策略:基于公共价值理论[J].湖北农业科学,2024,63(4):237-241,250.

② 参见:陈兰杰,李婷.基于战略三角模型的开放政府数据公共价值实现机制研究[J].情报探索,2021(9):1-7.

(二)公共价值理论的内容

1.公共价值理论的逻辑起点

公共价值理论认为,在公共组织中,当组织领导和团队成员都致力于将组织打造为一个为实现长期的特定愿景而运作的精密系统,那么组织是具有战略性的。组织战略是指组织为实现其长期目标和使命,所制定的全局性、长远性和根本性的规划与决策。①组织战略对公共部门内外部资源进行有效整合和优化配置,战略性的资源配置让公共部门能够确保将有限的资源投入到最能够产生公共价值的领域和项目中去。同时组织战略还涉及对潜在风险的识别、评估和应对。在公共价值创造的过程中,不可避免地会遇到各种挑战和风险。通过制定和实施有效的战略风险管理措施,公共部门能够提前预防和应对这些风险,确保公共价值创造活动的顺利进行。随着公共部门外部环境和内部条件的变化,组织战略需要不断进行调整和优化。这种动态适应性使得公共部门能够更好地应对复杂多变的现实挑战,确保公共价值创造活动的持续性和有效性。

2.公共价值理论的分析框架

公共价值理论的分析框架主要围绕公共价值的创造、评估与实现展开,其核心在于提供一个系统性、操作性的框架,帮助公共部门管理者在复杂多变的环境中做出有效决策,以实现公共价值的最大化。战略三角模型便是最核心的分析框架,它强调了公共价值、运作能力和授权环境之间的相互作用和平衡,认为这三个要素共同决定了组织的战略成功,旨在帮助组织在复杂多变的环境中制定并执行有效的战略,以实现其公共价值目标。

首先,公共价值是战略三角模型的核心要素,代表了公共部门所追求的公共目标。这些目标通常与公众的期望和需求紧密相关,包括提高公共服务质量、促进社会公平、保护生态环境等。公共部门需要明确这些价值目标,并将其作为行动的指南。其次,运作能力是指组织在实现公共价值过程中所需具备的资源、技能、组织结构和流程等综合能力。它决定了组织能否有效地应对各种挑战和风险,确保战略目标的顺利实现。公共部门通过为组织提供必要的资源支持,确保

① 参见:王锐.马克·莫尔公共价值理论思想研究[D].长春:吉林大学,2019:18—20.

战略实施的物质基础,同时通过优化组织结构和流程、提升员工技能和素质等方式提高组织的工作效率和效能。最后,授权环境是指组织在追求公共价值过程中所处的政治、法律、社会和文化等外部环境因素的总和。这些因素为组织提供了合法性支持、政治支持和公众认同等必要条件,确保了其行动符合法律法规和社会规范要求,是组织成功实现战略目标的外部保障。[①]

3.公共价值理论的核心

公共价值理论深刻凸显了政治的核心地位。马克·莫尔在提出公共价值概念之初便指出,政治不能且不应该被排除在公共价值的定义之外。[②]这一视角确保了政府管理过程的全貌得以展现,即公共价值的形成不仅仅是技术或经济决策的产物,更是政治决策与民主参与的结晶。政治在此过程中,作为贯穿始终的关键因素,不仅促进了公众声音的汇聚与整合,还通过它独特的协调机制,确保了政府管理的高效与公正,为公共价值的最大化实现提供了坚实保障。

公共价值的民主决定过程深刻体现了公民参与、咨询协商与政治互动的紧密结合。在这一过程中,政府不再是孤立的决策者,而是与广大公民、专家学者及利益相关者紧密合作,共同探寻公共利益的最大公约数。公民通过多样化的参与渠道,如公众听证会、在线论坛等,积极发声,为公共价值的界定贡献智慧。同时,深入的咨询与协商机制确保了决策的科学性与民主性,平衡了各方利益,促进了共识的达成。最终,政治过程作为协调各方力量的关键,通过谈判与妥协,汇聚成推动公共价值实现的强大合力。[③]

公共价值的精髓在于其政治协调机制的运作。该机制不仅促进政府、市场与社会间的深度合作,还通过制定明确规则与责任划分,构建沟通桥梁,确保各方协同推进公共价值目标。[④]面对不确定性的挑战,政治协调机制展现出高度灵活性,促进各方迅速调整策略,优化资源配置,有效应对环境变化,保障公共价值实现的稳定性。尤为重要的是,在公共价值的分配环节,政治协调机制确保了公

① 参见:门理想,赵芷墨,李亚兰,等.我国政府数据开放的公共价值共创逻辑、现状及优化路径:基于公共价值战略三角模型[J].情报理论与实践,2024,47(2):91-97,106.

② 参见:刘银喜,赵淼.公共价值创造:数字政府治理研究新视角:理论框架与路径选择[J].电子政务,2022(2):65-74.

③ 参见:王学军,张弘.公共价值的研究路径与前沿问题[J].公共管理学报,2013,10(2):126-136,144.

④ 参见:何艳玲."公共价值管理":一个新的公共行政学范式[J].政治学研究,2009(6):62-68.

平与合理,通过精心设计的分配规则,让公共价值的红利广泛惠及社会各阶层,有效减少了因分配不均可能引发的社会矛盾,促进了社会的和谐与稳定。

(三)公共价值理论的借鉴性

尽管马克·莫尔在其著作中并未直接给出公共价值的明确定义,但通过其深入的理念阐释,可以提炼出公共价值的核心概念。公共价值源自公民及其民选代表,通过政治性集体过程的互动与协商而共同塑造与界定,它集中体现了这一过程所凝聚的民众集体愿望与共同追求。[①]价值维度作为公共管理活动的内在逻辑,回答了公共管理存在的根本动因,从而奠定了学科合法性的基石。[②]

科技伦理问题的产生让科技伦理治理不同于传统管理模式,更加强调了主体的多元性和治理手段的多样性。不同主体在其过程中需要进行利益妥协和追求共同价值,搭建出多元主体合作网络结构。治理工具的发展实现了治理手段的综合化,有利于规范行为、追求伦理标准的一致性,让科技与伦理能够实现和谐共生。科技伦理,其内在价值不言而喻,而要实现其合理性与有效性必须依赖公共组织的积极作为。[③]这不仅要求政府需承担起管理与监督的责任,还要求专业审查机构、教育机构、科技界乃至社会公众携手并进,以共同的伦理价值追求为指引,灵活运用各类治理工具,形成强大的治理合力,有效应对科技伦理挑战,进一步促进科技与伦理的和谐共生。

三、善治理论

科技与伦理发展相辅相成,善治理论为科技伦理治理提供了重要指引。好的产品与技术,须在法律与伦理的双重框架下运行,将技术规则深度融入社会规范体系,此即科技向善之精髓。[④]善治强调高效、公正与参与,为科技伦理治理指

---

① 参见:MOORE M. Creating Public Value:Strategic Management in Government[M].Cambridge, MA:Harvard University Press, 1995:27-56.

② 参见:朱德米,曹帅.公共价值理论:追寻公共管理理论与实践的同一性[J].中共福建省委党校(福建行政学院)学报,2020(4):89-100.

③ 参见:刘志辉,孙帅.大科学时代我国科技伦理中待解决的问题:以"主体—工具—价值"为框架的分析[J].中国高校科技,2020(11):69-73.

④ 参见:完善科技伦理治理体系 引导科技向善[N].第一财经日报,2022-03-22(A02).

明了方向。善治理论强调完善法规、强化伦理引导,确保科技力量服务于社会福祉,规避滥用风险,消除负面效应。在构建科技伦理治理体系时,我们应紧密依托善治理论,推动形成科技善治的理想状态,即在法治框架下,以伦理为魂,促进科技与社会和谐共生,共创科技向善的美好未来。

(一)善治理论的提出

善治即良好的治理,是对"治理"这一概念深刻理解与高度提炼后的产物。1995年,全球治理委员会将治理定义为个人与管理机构在共同事务管理中所采用的多样化方式的总和,是一个旨在调和相互冲突或不同利益,并促成联合行动的持续过程。[①]这既包括有权迫使人们服从的正式制度和规则,也包括各种人们同意或以为符合其利益的非正式的制度安排。善治是为了克服社会治理的失效,为了实现公共利益最大化的社会管理过程,其本质特征在于政府与公民对公共生活的合作管理,在政府与市场、社会之间形成良好的合作。[②]

(二)善治理论的内容

1.善治理论的理念

善治是治理的理想状态和更高境界。善治在治理的基础上强调了治理主体的多元性、治理手段的多样性和公共利益的追求。同时,善治更加强调了合法性、透明度、公众回应的及时性、治理效果的有效性、公民参与度的提升以及明确的问责机制等核心原则,共同构筑一个实现公共利益最优化的社会治理框架。通过不断地治理实践和优化,可以逐步实现从治理向善治的转变,为社会的发展和进步创造更加良好的环境。

善治理论的核心理念之一是倡导社会治理的多元化。[③]社会与市场同政府并肩,共同承担起公共事务治理的重任。公共权力的分配不再局限于政府,各类机构,无论公私,只要赢得公众信赖,均能成为公共权力的新中心。政府部门与非政府部门的合作伙伴关系应运而生,双方携手共进,打破了传统的管理层级,

---

① 参见:全球治理委员会.我们的全球之家[R].牛津:牛津大学出版社,1995:2-3.
② 参见:俞可平.治理与善治[M].北京:社会科学文献出版社,2000:15.
③ 参见:陈广胜.走向善治:中国地方政府的模式创新[M].杭州:浙江大学出版社,2007:2.

构建了基于平等、合作与互动的新型治理模式,极大地激发了社会治理的活力与创造力。

治理过程的互动性在善治模式中尤为凸显。它摒弃了传统自上而下的单向管理模式,转而采用上下互动的方式,积极吸纳管理对象的参与。通过合作、协商以及建立伙伴关系,善治促进了各方对公共事务的共识与协作,确立了共同的目标与方向。①在组织层面,善治强调民主协商的重要性,组织的成立与运作均基于成员间的充分讨论与一致同意。这种机制不仅保障了成员的知情权与参与权,还促进了信息的透明与公开,确保了治理过程的公平与公正。

善治的核心目标是实现公共利益的最大化,它在治理过程中力求平衡各方利益,确保公众福祉的提升。这不仅仅意味着提供更多公共物品,更在于提升公共管理的质量,让民众获得更高的满意度。此外,善治还强调治理的合法性、透明性和责任性。②合法性要求所有治理活动严格遵循法律法规,确保治理主体及其行为的合法性;透明性要求政府公开信息,保障公民的知情权与监督权;而责任性则体现为对人民负责,通过责任制增强政府公信力与责任感。这些原则共同构成了善治理论的重要组成部分,为实现公共利益最大化提供了坚实保障。

2.善治理论的发展

善治理论的发展主要呈现了三个大方向的演变与过程,可以总结为三个版本,分别以政府治理、社会治理和公共治理为核心。③善治理念的1.0版聚焦于政府的治理作用,将公共管理直接等同于政府管理,追求的是政府的良政。希望政府通过有效的管理和控制实现社会的稳定和发展,推动政府管理效能的提升和公共服务的初步优化。传统国家理论、政府理论、权力政治理论等都属于这一代理论的衍生版。④

善治理论的2.0版是以"社会治理"为核心。此版本的善治理论视野不再局限于政府单一角色,开始关注社会组织、公民个体在公共管理中的作用,强调了他们对公共管理的独特性。它倡导一种社会自我管理的状态,认为理想

---

① 参见:王丽.善治视域下乡村治理的公共性困境及其重构[J].行政论坛,2022,29(3):99-104.

② 参见:胡荣,焦明娟.善治之基:中国民众的获得感与政治支持[J].东南学术,2023(6):78-88.

③ 参见:燕继荣.善治理论3.0版[J].人民论坛,2012(24):4.

④ 参见:桑培培.善治理论的梳理和治理困境研究[J].知识经济,2015(19):11-12.

的治理模式应实现社会自治,至少要在基层层面实现广泛自治。这一转变旨在促进公民社会的发育,增强社会的自我管理和服务能力,形成政府与社会之间更加和谐、互动的治理格局。现代公民自治理论、权利政治理论以及20世纪80年代以来学术界有关公民社会的理论等,属于这一代理论的主要代表。[1]

善治理论的3.0版本以"公共治理"为核心,拓宽了治理的边界与深度。[2]它摒弃了政府与社会二元分割的传统观念,转而拥抱一个包含政府、社会组织、社区单位、企业及个人在内的多元化治理体系。[3]此版本不仅吸纳了社会治理的精髓,更强调各利益攸关方的协同合作与共同决策,倡导一种多元共治、协同并进的新治理范式。国家与社会的互动被置于前所未有的高度,旨在通过增强双方的良性互动与协同治理,提升公共选择与公共博弈的效率与公正性。这一转变赋予了治理体系更高的灵活性与适应性,使之能够灵活应对复杂多变的社会挑战,确保治理决策的科学性与民主性。"多元共治""复合治理""多中心治理"等概念是现代治理理论的重要成果。

(三)善治理论的借鉴性

在科技伦理治理的语境下,善治理论强调以高效、公正、透明及广泛参与为核心原则,指导人们如何恰当地运用科技力量,确保其在法律与伦理的双重护航下,服务于社会的整体福祉,避免滥用与恶用,共同塑造一个科技向善、和谐共生的社会环境。善治理论也为科技伦理问题的分析提供多重视角和理论分析框架,避免主体单一的局限性。善治理论强调协同治理的重要性,科技伦理问治理可以借助该理论指导,促进多元主体沟通协作,形成合力,共同应对科技伦理挑战。善治理论也体现了以人为本的精神,当我们真正将多元治理、和谐治理有机地统一起来,中国的发展将进一步走向全面、协调、可持续,也必将一步一个脚印地走向善治社会。

---

[1] 参见:燕继荣.善治理论3.0版[J].人民论坛,2012(24):4.

[2] 参见:郑春勇,陆妍妍.基于善治理论的基层智治平台绩效评价:以杭州为例[J].社科纵横,2022,37(5):137-143.

[3] 参见:王丽.善治视域下乡村治理的公共性困境及其重构[J].行政论坛,2022,29(3):99-104.

四、共同体理论

(一)共同体理论的提出

共同体理论是一种关于社会关系和个体参与的理论框架,强调人与人之间的社会联系、相互依赖和共同利益。该理论的代表人物主要有古希腊哲学家亚里士多德,社会契约论的代表人物托马斯·霍布斯(Thomas Hobbes)和约翰·洛克(John Locke),社会互助论的代表人物埃米尔·杜尔凯姆(Emile Durkheim)和弗雷德里克·霍夫斯塔特(Frederick Hofstadter),以及关注文化多样性和社区重建的阿米塔伊·埃特齐奥尼(Amitai Etzioni)和迈克尔·沃尔特曼(Michael Waltman)。在古希腊时期,亚里士多德认为人是社会性的动物,个体通过参与共同体来实现幸福和全面发展。他强调公共事务的重要性,将共同体视为个体追求善的目标。在17世纪至18世纪的早期社会契约论观点中,霍布斯认为人类处于一种自然状态下,为了避免混乱和战争,人们通过契约形成国家,个体通过将权力委托给国家来维护自身的安全和利益。洛克则强调个体天生具有自然权利和自由,国家的存在是为了保护这些权利。为此,他提出了私有财产的概念,并认为个人的归属感和身份认同是通过自由选择形成的。随着时间的推移,共同体理论在19世纪至20世纪初经历了由以社会契约论为代表向以社会互助论为代表的转变。杜尔凯姆认为,社会是由共享的价值观和规范构建起来的,个体通过社会互助和合作实现共同利益。他更加强调社会的力量和集体意识的重要性。霍夫斯塔特关注个体自由和市场经济的作用,主张社会秩序是通过个体的自由行动和市场交换来实现的,强调个体的自主选择和责任。在20世纪中期至今这一阶段,共同体理论进一步关注了文化多样性和社区重建的问题。埃特齐奥尼提出了"响应型社区"的概念,强调社区的重要性,主张通过社区参与和责任感来解决社会问题,着重突出个体的权利和责任的平衡。沃尔特曼关注公共事务和公共权力的分配,主张建立一个政治性的社会共同体。在他看来,社会公正和多样性是共同体的核心原则。

(二)共同体理论的内容

共同体理论的核心思想主要包括社会联系和互助、社会认同和归属感、公共责任和参与、多样性和包容性、公平正义和社会改革等方面。第一是社会联系和互助。共同体理论认为,社会中个体之间的联系和相互依赖是社会稳定与和谐的基础。这种联系可以是经济上的互助合作,比如在共同体内部的互助交易、资源共享和合作生产;也可以是社会情感上的互助,包括共同体成员之间的亲情、友情、邻里关系等。这种社会联系有助于减少社会的孤立和冷漠,促进人们共同面对挑战和解决问题。第二是社会认同和归属感。共同体理论强调个体对社区和共同体的认同感和归属感。通过参与共同体的活动、分享共同的价值观和文化传统,个体逐渐建立起自我认同,并与社区成员建立情感联系。这种社会认同和归属感使个体能够感受到自己身处一个大家庭或群体中,从而更加愿意为共同体的利益和福祉作出贡献。第三是公共责任和参与。共同体理论认为个体不仅享受共同体带来的福利和资源,还应该承担相应的公共责任和义务。这意味着个体要为共同体的利益和繁荣负责,积极参与社区事务的决策和解决问题。这种公共责任和参与可以通过投票、社区活动、志愿服务等形式实现。同时,共同体也应该提供充分的机会让每个个体都能参与进来,不让任何人感到被边缘化。第四是多样性和包容性。共同体理论强调社会的多样性和包容性。每个共同体都由不同的个体组成,彼此之间可能有不同的文化背景、信仰、价值观等。共同体应该尊重和包容这种多样性,并建立一种平等、和谐的共处模式。这需要共同体成员之间的相互理解、尊重和接纳,同时要反对歧视和排斥。第五是公平正义和社会改革。共同体理论认为实现公平正义和进行必要的社会改革是共同体的核心任务之一。共同体应该努力消除社会中的不平等和不公正现象,确保每个个体都能享有基本权利和机会,从而实现社会的公平和正义。这可能涉及制定公平的法律制度、提供公共服务和福利、推动教育和职业机会的平等等领域。

(三)共同体理论的借鉴性

共同体理论对建设科技伦理治理共同体具有五个可借鉴之处。一是加强社会联系和互助。科技伦理治理共同体可以借鉴共同体理论中的社会联系和互助的观点,鼓励社会成员之间建立密切的联系和相互依赖关系。通过促进社会内部的互助合作和资源共享,可以提高社会整体的生活质量和发展水平。二是培育社会认同和归属感。科技伦理治理共同体应该重视个体对社区的认同感和归属感的培育。通过鼓励社会成员参与共同体活动、分享共同的价值观和文化传统,可以加强社会凝聚力,提升社会成员的参与意愿和责任感。三是强化公共责任和参与。科技伦理治理共同体应该强调社会成员对社区事务的公共责任和参与,鼓励社会成员积极参与社区事务的决策和解决问题,进一步提升其自主性和责任意识。同时,为社会成员提供参与的机会和平台,让每个人都能发挥作用。四是尊重多样性和促进包容性。科技伦理治理共同体应该尊重和包容社会成员的多样性,尊重他们的文化背景、信仰和价值观。通过建立一个平等、和谐和包容的共处环境,促进不同群体之间的相互理解、尊重和合作。五是推动公平正义和社会改革。科技伦理治理共同体应该致力于推动公平正义和进行必要的社会改革。关注社会内部的不平等问题,通过制定公平的规章制度、提供公共服务和福利,确保社会内每个成员都能享有基本权利和机会。综上所述,通过借鉴共同体理论,国内在建设科技伦理治理共同体时,可以在加强社会联系、培育社会认同、强化公共责任、促进多样性包容性和推动公平正义等方面取得重点进展,从而为科技创新和发展作出积极贡献。

第三节　本章小结

科技伦理指导下的科技治理活动,能够在实践中加快构建中国特色科技伦理体系,健全多方参与、协同共治的科技伦理治理体制机制,坚持促进创新与防范风险相统一、制度规范与自我约束相结合,强化底线思维和风险意识,建立完善符合中国国情、与国际接轨的科技伦理制度,塑造科技向善的文化理念和保障机制,努力实现科技创新高质量发展与高水平安全良性互动,促进科技事业健康发展,为增进人类福祉、推动构建人类命运共同体提供有力科技支撑。

通过核心概念的界定与比较,本书对科技伦理、科技伦理治理及其体制机制、共同体的认知逐渐清晰,并就相关概念在本书的应用作出了合适的界定。本书中的科技伦理治理体制机制,是包括科技伦理治理机构、科技伦理治理制度、科技伦理治理权限、科技伦理治理人员、科技伦理治理机制等的有机系统,主要包括政策制度层面的建构和执行操作层面的运行,核心内容在于科技伦理治理机构的职权划分和机构之间的协调配合,构建以科技伦理治理不同主体为重心的体系,为科技伦理治理体制机制的健全完善提供学理性基础。

由于科技伦理问题在很大程度上是科技的整体进步所伴生的风险,而风险评估永远无法排除伦理、政治、经济、文化等因素的考量。从这个角度来看,为了有效规避科技伦理风险,必须重视构建科技伦理体系,特别是对于价值规范的重构,将科技和善治紧密结合起来,推动科技向善真正成为科技工作者、科技管理部门工作的愿景、使命,在整体上推动科技事业健康发展。本书引入经典的风险社会理论、公共价值理论、善治理论和共同体理论,能够为中国的科技伦理治理实践提供契合中国情境且丰富的理论支持。引入上述理论既能揭示一般理论上的普遍规律,也能提供特殊情境下的中国经验,以期为后文研究提供理论借鉴。

第三章

科技伦理治理的现实样态描绘

　　在科技的发展历程中,重大技术的变革往往会带来生产力、生产关系以及上层建筑的显著变化,为人类带来积极影响的同时,也对伦理发起了挑战。目前,科技伦理治理仍然面临许多未知的风险、挑战以及争议,譬如,新一代人工智能技术在颠覆性地重塑人类生活和交流方式的同时,也带来了技术滥用、隐私泄露等伦理问题。建立健全的科技伦理治理制度和规范,为科技发展提供合理的框架及指导已成为全社会共同的呼声。本章将围绕科技伦理治理的现有主体、内容领域、政策体系和现实成效等方面进行阐述,以描述,展现国内科技伦理治理的总体现状。

第一节　科技伦理治理的现有主体

　　20世纪末期,随着学者将目光重点转向政府治理,一种强调简政放权、削弱政治权力,以多主体以及多元化为特征的治理模式开始形成。在治理理念上,逐渐呈现出倾向由政府与社会主体共同担起社会公共管理责任的趋势。[①]在科技伦理治理的研究中,学界普遍认为,多元化治理主体是重要且必要的。科技伦理的治理者主要涵盖政府、企业、高校、科研机构、科技社群以及其他科研组织中拥

---

① 王浦劬.国家治理、政府治理和社会治理的含义及其相互关系[J].国家行政学院学报,2014(3):11-17.

有决策权等权力的科技管理人员。尽管每种科技组织的管理目标有所差异,科技管理者在管理伦理方面的基本要求是相似的。

科学研究、科技工作所在之处,必定有相应的科技伦理治理工作,而这涉及的领域非常广,涉及其中的主体也相当多。因此,科技伦理治理需要政府内外的多元主体共同参与,建立稳定的科技伦理治理体系,通过合作行动来实现科技伦理领域的善治状态。总体上,科技伦理治理需要不同主体共同参与,汇聚各方合力,从而构建科技伦理治理共同体。①在本章中,笔者将科技伦理治理的现有主体归纳为政府及相关部门、科学研究机构、行业协会、研究会等伦理团体。

一、政府及相关部门

政府及相关部门在科技伦理治理中扮演重要的角色,主要作用是通过制定规章制度、加强监管、信息发布等方式,确保科技发展与科技伦理互为促进、共同发力,更好地助力经济社会高质量发展。政府及相关部门的管理介入,能够为科技发展的规范化和可持续性提供重要保障,从而有助于科技的良性发展和社会的持续进步。

(一)政府的概念

广义的政府是指一个国家或地区的整个政治体系,包括行政、立法和司法机关,负责治理社会公共事务,维护社会秩序,提供公共服务以及制定和执行政府政策,等等。狭义的政府是指国家的行政机关,即国家具体行政事务的执行部门。它是政府体系中的核心机构,负责实施各项决策和政策,依法管理公共事务和合理分配公共资源。狭义的政府通常由政府部门和政府官员组成,拥有权力和职责来治理社会。

按照历史唯物主义的观点,社会形态是动态发展的,而非静止不变的。马克思详细阐明了社会发展的普遍规律:随着社会生产力的不断变化,生产关系也会发生质变,由经济基础决定的上层建筑相应地会经历深刻的变革。在一个庞大的社会体系中,若是缺乏政府管理,那么将是难以想象的。政府作为国家政策的

---

① 参见:李正风,刘诗谣.建构科技伦理治理共同体的信任关系[J].科学与社会,2021,11(4):18-32.

制定者、权力的行使者和事务的执行者,是人类社会赖以生存和发展的公共组织。在历史进程中,人类对政府产生了依赖,期望政府能满足其物质和文化需求,并提供安全、稳定和公平的发展环境。

根据《中华人民共和国宪法》的规定,中华人民共和国国务院是最高国家权力机关的执行机关,是最高国家行政机关,主要职能包括:根据宪法和法律,规定行政措施,制定行政法规,发布决定和命令;向全国人民代表大会或者全国人民代表大会常务委员会提出议案;统一领导全国地方各级国家行政机关的工作,规定中央和省、自治区、直辖市的国家行政机关的职权的具体划分;编制和执行国民经济和社会发展计划和国家预算;领导和管理经济工作和城乡建设、生态文明建设;领导和管理教育、科学、文化、卫生、体育和计划生育工作;领导和管理民政、公安、司法行政等工作;管理对外事务,同外国缔结条约和协定;领导和管理国防建设事业;等等。国务院的职能涵盖了国家的经济、社会、行政和外交等诸多方面,是中央政府的核心机构,负责统筹协调国家事务的各项工作。通过行使这些职能,国务院在保持国家稳定发展、促进社会进步和增进民生福祉等方面发挥着重要作用。地方各级人民政府是地方各级国家权力机关的执行机关,也是地方各级国家行政机关。

从行政层级而言,地方各级人民政府包括省级、县级和乡级人民政府,在中央人民政府的领导下,负责管理和治理本地区的公共事务,维护社会秩序,提供公共服务,促进经济发展和社会进步。具体而言,县级以上地方各级人民政府根据法律规定的权限,负责管理本行政区域内的经济、教育、科学、文化、卫生和体育等行政工作。地方人民政府的主要职责包括经济发展、社会管理、公共服务和民生保障等方面。

(二)科技伦理治理主体中的政府

政府通过行政手段构建科技伦理秩序,引领新技术应用整体向善发展,同时及时解决科技伦理冲突,被认为是最具有成本优势的治理工具。在科技高速发展的新时代,科技发展的方向需要由政府监管和把控,政府及相关部门在科技伦理治理中的作用主要体现在三个方面。首先,制定科技发展的伦理准则及规范。政府所制定的科技发展准则、规范以及科技政策法规,将会对科研人员、科技管理工作者的价值取向、伦理行为产生直接影响。因而在制定科技伦理政策时,政府需要注重科技政策法规的规范性与指导性功能,不仅要考虑经济利益,还要努力保持与科技发展相一致、与生态环境相协调。其次,规范和监督科技工作的合理发展。政府要加强对科技伦理道德的规范与监督,强化政府的监管职能。政府需要确保伦理规范与法律规范的统一性,对违反科技道德的行为进行惩罚和制裁。这样可以维护科技发展的良好秩序,保护公众利益和社会稳定。最后,引导科技向善发展。政府应提倡和鼓励高尚的道德行为,激励科技界人士为科技事业作出奉献,可以通过奖励机制、政策支持等方式,引导科技人员积极参与社会责任、关注公共利益,推动科技向着社会福祉和可持续发展的方向发展。通过以上措施,政府及相关部门能够在科技伦理治理中发挥积极的作用,确保科技发展与社会伦理价值相协调,促进科技的良性发展,为社会和人类的可持续发展提供有益的制度保障。总之,政府对科技伦理工作的高度重视和积极示范引导,必将有力地推动科技伦理道德建设和发展。

在我国,科学研究及其伦理治理体制呈现出高度集中的特征。在这一体制下,国务院是科学技术工作的最高决策和管理主体。科学技术部负责牵头拟订科技发展规划、方针和政策,起草相关的法律法规草案,制定部门规章,同时组织实施和监督检查。科学技术部是与科技伦理治理紧密相关的政府部门,是正部级的国务院组成部门,主要职能有两个方面:一是贯彻落实党中央关于科技创新工作的方针政策和决策部署,二是在履行职责过程中坚持和加强党对科技创新工作的集中统一领导。科学技术部的工作职能涵盖了推动健全新型举国体制、优化科技创新全链条管理、促进科技成果转化、促进科技和经济社会发展相结合等方面。同时,其宏观管理职责包括战略规划、体制改革、资源统筹、综合协调、政策法规和督促检查等。科学技术部保留了国家基础研究和应用基础研究、国家实验室建设、国家科技重大专项、国家技术转移体系建设、科技成果转移转化和产学研结合、区域科技创新体系建设、科技监督评价体系建设、科研诚信建设、国际科技合作、科技人才队伍建设和国家科技评奖等相关职责。科学技术部的内设机构包括办公厅、一司、二司、三司、四司、五司、六司、七司、八司、九司、十司、国际合作司、人事司、机关党委和离退休干部局等15个部门,这些机构共同承担着推动科技创新和科技伦理治理的重要任务。

(三)科技伦理治理主体中政府的主导地位

综观科技伦理治理取得良好成效的国家和地区,政府在其治理过程中均发挥着举足轻重的作用。在不同国家和地区,基于差异化的政治、经济、文化情境,政府所处的地位、发挥的作用也不尽相同。在中国情境下,政府居于科技伦理治理的主导地位,主要是由政府自身特点、科技伦理特点以及国情所共同决定的。

1.政府在科技伦理治理中的主导地位是由其自身特点决定的

政府在科技伦理治理中的主导地位是由其自身职能职责、资源和公信力等特点决定的。政府作为纯粹的公共部门,是科技伦理治理多元主体中的核心。首先,政府是公众利益的代表以及政策法规的制定者,拥有制定和执行政策的权力,并依法对科技伦理全过程进行监管和管理,其在科技伦理治理的过程中责任重大且占据主导地位,具有其他治理主体所不能替代的优势。其次,政府具有广泛的社会资源,包括财政、人力和物力等,可以组织专业团队和机构对科技伦理活动进行研究和评估,提供科技伦理咨询和指导。最后,政府在科技伦理治理中具有公信力和代表性,有助于协调各方主体的利益关系,可以为科技活动提供公正、公平和可靠的规范和指导。因此,政府不应该仅仅停留在原有管理、引导、监督的层面,而应当在科技发展整体过程中发挥好推进和导向作用,充分扮演好"倡导者""参与者""引领者"的角色。需要特别强调的是,政府的主导作用并不是要将政府打造成评判科技人员是否符合伦理规范的专家,这应该是法律应发挥的作用;政府应位于幕后,通过制度安排,合理运用法律法规、政策、舆论等手段去营造符合伦理规范的科学技术发展的大环境。

2.科技伦理的特点决定了政府在科技伦理治理中的主导地位

科技伦理的复杂性、时效性和软约束性决定了政府在科技伦理治理中的主导地位。首先,科技伦理问题具有复杂性。科技的发展和应用涉及众多的伦理问题,譬如,隐私保护、人工智能的道德问题、基因编辑的伦理考量等。这些问题涉及不同的利益关系、价值观和文化背景,这就需要综合考虑和平衡各方利益。政府作为一个具有权力和广泛资源的机构,可以通过制定法规、监管和协调等手段,对这些复杂的科技伦理问题进行治理。其次,科学技术发展更新速度迅猛,科技伦理问题具有时效性和紧迫性。以计算机和通信技术为基础的信息革命蓬勃发展,高新科学技术进入了高速发展时期。伴随着造福人类的新发明创造不断涌现,现代科技伦理悖论与伦理问题日益凸显,譬如,生态环境恶化、能源危机、人口膨胀、食品安全等现代科技伦理问题日益困扰人类,新的伦理风险日益增大,新的伦理挑战也处于不断的变化之中。当科技道德不足以规范科技主体行为的时候,在对道德问题的反思中,科技伦理应运而生。[①]政府具有权威和决策能力,可以迅速采取行动,制定相应的政策和法规,引导科技的发展方向,避免或减少伦理风险。最后,科技伦理是一种软性的、内化的规范,并不能单纯依靠科技伦理的自我约束作用,需要政府强有力的监管,注入政府的力量加以辅助,加强对所有的科技主体及其行为的约束。

3.中国的独特国情决定了政府的主导地位

政府在中国科技伦理治理中的主导地位,是基于中国的国情和实际需要而形成的。中国政府在人口众多、科学素养水平较低、科研伦理意识薄弱等方面面临着独特的挑战。首先,中国是一个人口众多的发展中国家。中国拥有世界上第二大的人口规模,人口分布广泛,社会结构复杂,这使得科技伦理治理任务繁重,需要政府发挥主导作用,通过制定政策、规划资源、协调各方利益等手段,统筹解决科技伦理问题,推动科技创新稳步向前。其次,国内民众的科学素养水平较西方发达国家而言,差距仍然较大。当前,随着我国从封闭、单一的传统社会向开放、多元的现代社会急速迁徙,新旧思想交锋、交替,传统与现代对峙、交融。受狭隘的科学功利主义影响,部分科研人员在发展和应用科技上偏重物质性、经济性,忽视人与自然的和谐,忽视人的伦理责任,这会使得科技伦理建设遭受毁灭性的破坏。[②]最后,科学技术基础知识的普及较为欠缺,对普通群众而言,科技伦理道德意识仍处于启蒙阶段。基于此,必须发挥政府在科技伦理治理中的主导作用,以社会主义核心价值观与社会主义先进文化为引领,在全社会营造良好氛围,发挥政府示范、引导作用,强化科技伦理道德教育与意识。

---

① 参见:陈爱华.论现代科技伦理的应然逻辑[J].东南大学学报(哲学社会科学版),2018,20(3):16–22.
② 参见:熊英,余湛宁.我国科技伦理道德建设的现实障碍与对策研究[J].湖北社会科学,2011(6):105–107.

(四)政府科技伦理管理体制的探索

科技伦理是科学研究与技术研发过程中必须遵循的价值规范与行为准则,能够引导科技向上向善健康发展。习近平总书记指出:"科技是发展的利器,也可能成为风险的源头。要前瞻研判科技发展带来的规则冲突、社会风险、伦理挑战,完善相关法律法规、伦理审查规则及监管框架。"①随着新兴技术的发展,我国科技伦理治理已经被置于事关科技体制改革、科技创新全局的重要地位,在总体工作布局和政策法规体系建设方面进行了一些探索。

1.国家科技伦理委员会成立

2019年7月,中央全面深化改革委员会第九次会议审议通过《国家科技伦理委员会组建方案》。根据该方案的规定性内容,人工智能、生命科学、医学三个分委员会先后成立,同时推动相关部门成立科技伦理专业委员会,指导各地方结合工作实际,建立或筹建地方科技伦理委员会。进一步地,2023年印发的《党和国家机构改革方案》指出,国家科技伦理委员会作为中央科技委员会领导下的学术性、专业性专家委员会,不再作为国务院议事协调机构。目前,国家科技伦理委员会在科技部设立有秘书处。国家科技伦理委员会负责指导和协调全国科技伦理治理体系的建设工作。该委员会的成员单位根据各自的职责分工,承担着科技伦理规范的制定、审查、监管和宣传教育等重要工作。同时,各地方和行业主管部门也负责本地区和各行业系统的科技伦理治理工作,根据职责权限和隶属关系进行管理。国家科技伦理委员会成立以来,坚决贯彻落实习近平总书记的重要指示精神,发挥着统筹规范和指导协调作用,推动科技伦理监管和审查等各项治理制度、机制不断完善,促进科技伦理治理能力的系统提升。2023年5月,工业和信息化部正式成立工业和信息化部科技伦理委员会、工业和信息化领域科技伦理专家委员会,负责统筹规范和指导协调工业和信息化领域的科技伦理治理工作。

2.国家科技伦理治理相关意见逐步出台

2022年3月,中共中央办公厅、国务院办公厅印发《意见》,明确指出要健全科技伦理治理体制,从完善政府科技伦理管理体制、压实创新主体科技伦理管理

---

① 习近平.在中国科学院第二十次院士大会、中国工程院第十五次院士大会、中国科协第十次全国代表大会上的讲话[N].人民日报,2021-05-29(2).

主体责任、发挥科技类社会团体的作用、引导科技人员自觉遵守科技伦理要求等方面作出具体部署,并进一步提出明确要求。[①]这是我国首个国家层面的科技伦理治理指导性文件。《意见》出台以来,在国家科技伦理委员会的统筹指导下,国内科研伦理治理的组织机制、伦理审查程序、审查标准等不断健全,多地政府大力推进具有地域特色的科技伦理治理。譬如,2022年6月,贵州省科学技术厅发布《2022年度科技监督工作计划》,加强对科技计划项目事前、事中和事后的监督工作;2022年7月,江西省推进创新型省份建设工作领导小组办公室出台了《江西省关于加强科技伦理治理的实施意见》;2023年2月,湖南省科技厅联合省教育厅、省工信厅等11个部门联合印发《湖南省区域科技伦理审查中心建设方案》,并成立了湖南省区域科技伦理审查中心。总体而言,现有政策法规体系建设方面的探索,为科技伦理的规范发展和有效治理提供了有力支持。

二、科学研究机构

根据研究对象的不同,科学研究主要分为两类:一是基础研究,即通过开展实验性和理论性工作以获得基本原理与新知识;二是与工程技术结合较紧密的应用技术科学类研究,聚集于某一实际的目的或特定的目标。与基础研究相比,应用技术科学类研究要考虑成果的直接应用,能够为解决实际问题提供科学手段,使科研成果能够直接转化为现实生产力。不论是从事基础研究还是应用研究,科学研究机构都是科技伦理治理的重要主体之一。

(一)科学研究机构的类型

科学研究机构是推动科学研究和创新的重要组织,涵盖了大学的科研院所、科学院的研究所以及企事业单位的研发中心等。这些机构在不同领域的科学研究中发挥着关键作用,为解决各种科学难题和推动技术进步提供了平台和支持。具体地说,科学研究机构主要包括高等院校、科研院所和企业等。

---

① 参见:关于加强科技伦理治理的意见[N].人民日报,2022-03-21(1).

1.高等院校

　　高等院校在科技伦理治理中承担着科技伦理教育、科技伦理研究、科技伦理宣传和科技伦理引领等多重角色和职责。首先,高等院校是开展科技伦理教育的主要阵地。高等院校是探求真理、获得学问、培养人才的重要场所,是未来卓越科技工作者的摇篮,是科技伦理教育的主要参与者,高等院校开设相关课程和开展科技伦理教育活动,有助于引导学生正确看待科技发展与伦理道德的关系,培养学生正确的科技伦理思维和是非判断能力。其次,高等院校是科技伦理研究的主要场所。高等院校具有多学科、多门类的知识优势,拥有大量高素质和高学历的知识分子,因此成为科技研发的重要场所。高校科技工作者是开展科技研发工作的主力军。高等院校应在科技伦理治理方面发挥引领作用,推动科技伦理的发展和实践。此外,高等院校是开展科技伦理宣传的重要主体。高等院校可以通过举办科技伦理研讨会、学术交流和社会宣传活动,促进科技伦理的讨论和交流,推动科技伦理理念在更大范围传播和应用。最后,高等院校还是未来科技伦理形成与发展的引领者。近年来,部分高校师生论文抄袭、买卖等学术失范、成果造假的事件经常见诸新闻端,甚至极少数学者为了逃避社会责任,开展不利于社会发展、伤害人类尊严的科技研发活动,对社会产生了不良的影响。基于此,科技管理工作者、科技人员不仅要深入思考、准备预测和评估自身的科技行为对人类当前与未来可能产生的有利影响与不良后果,同时还要做好应对的准备,根据短期结果及时调整自己的决策行为选择,还要勇于承担起因自身过失行为导致的各种责任。

　　科技管理工作者及科技人员需要对科研项目的选择、科研方案的设计、研究过程的开展以及科研成果的推广等全过程实施责任跟踪。具体地说,在高等学校通常设立有学术委员会、科学技术处(社会科学处)等部门,对科学研究有关的伦理、制度等进行规定。以西南大学为例,学术委员会是学校最高学术机构,在学校党委领导下,统筹行使学术事务的审定、审议、评定和咨询等职权,下设教学指导、学科建设、学术评价、师资队伍建设、学术道德等专门委员会。与学术道德相关的政策文件,除了国家、教育部、重庆市层面的文本之外,还专门修订印发了《西南大学学术道德行为规范及管理办法》(西校〔2021〕258号),对基本学术规范、学术引文规范、学术成果规范、学术评价规范、学术批评规范及学术界公认的其他学术道德规范等学术道德规范进行了界定,同时对学术不端行为及其受理与调查、认定与处理、复查与申诉等给予了详细规定。

2.科研院所

科研院所作为从事科学研究工作的研究院、研究所的统称,是国家科技创新的骨干单位,承担了大量的基础性研究工作,是科学研究与技术开发的基地。其中,中国科学院是中国自然科学最高学术机构,下设多个研究所和实验室,涵盖了自然科学、工程技术、农业科学、医学和社会科学等多个领域。中国科学院的研究成果在国内外学术界具有很高的影响力。此外,中国还有许多如中国工程院、中国农业科学院、中国医学科学院等重要的科研院所,这些院所在各自的领域开展着前沿的科学研究和技术创新,为国家的经济发展和社会进步作出了重要贡献。

科研院所是科技伦理治理的重要参与者与实践者,在各自的领域开展着前沿的科学研究和技术创新。科研院所拥有领域最前沿的知识与顶尖的人才资源,在探索性、创造性科学研究活动中独具优势,在科研活动中需要严格遵循伦理原则和道德规范,确保科研过程的合法性、公正性和可信度。此外,科研院所应制定科技伦理准则和行为规范,加强对科研人员的伦理教育和培训,推动科研活动的伦理合规性。国内的科研院所普遍实行的是院(所)长负责制、专业职务聘任制等管理制度,通过建立科技伦理委员会或类似的机构,审核和监督科研项目的伦理合规性,处理科研人员的伦理投诉和违规行为,维护科研活动的伦理正义和公平性。

3.企业

企业作为科技伦理治理的重要主体,其主体性主要表现为对企业经济效益与社会利益及其他利益相关者之间的利益矛盾的伦理调节。[①]企业在科技创新活动中居于重要的主体地位,对推动科学技术发展起到了十分重要的作用。首先,确保科技产品与服务安全可靠、符合社会的价值导向,是企业发展遵循的首要原则。企业在进行科学研发产品的过程中要以伦理价值观念为导向,遵循伦理原则和法律法规,既要满足当代人的需要又要避免对后代人的发展造成危害,必要时可以建立企业内部科技伦理审查机制,对科技产品与服务进行伦理风险

---

① 参见:戴艳军.科技管理伦理导论[M].北京:人民出版社,2005:133-138.

评估,以确保产品与服务符合伦理规范。其次,企业可以通过制定内部伦理准则和行为规范、加强工作人员的科技伦理教育和培训等方式,引导员工在科技创新中考虑伦理问题,避免伦理风险和负面影响,确保员工的科学研发行为与服务不违背伦理规范。最后,企业作为科技伦理治理的重要主体,可以积极参与行业科技伦理标准和规范的制定,推动行业的科技伦理发展和规范化。企业可以与行业协会、标准化组织和政府部门谋求合作,共同制定科技伦理标准和行业规范,促进行业提升科技伦理治理水平。

(二)科学研究机构在科技伦理治理中的主体地位

科学家在从事自由探索时,绝不仅仅是一个"求真"的过程,同时也是一个"求善"的过程。现代科技伦理应然逻辑就其本质而言,实际上是作为现代科技推进者的现代科技活动主体成为现代科技伦理主体的过程,这一过程亦是他们追问其发展和应用现代科技成果的初心或本心的过程。[1]

科学研究机构是科技伦理治理的重要主体之一。科学研究机构是科技创新的主要参与者,也是科技伦理规范的对象,在科研活动中涉及如科研诚信、知识产权保护、人体试验伦理等众多科技伦理问题。可以说,在科研活动的每一个环节,科技伦理的价值规范都在发挥作用。无论是科研课题的选题确定,还是科学实验、参与观察的阶段,或者是科研假说的提出、检验到科学理论建构、知识体系形成等,均需要在伦理规范的制约下进行。同时,开展科技活动的科学研究机构也是科技伦理违规行为调查的第一责任主体,负有自我审查、自我监督的责任。科学研究机构应根据科技活动及科研内容开展科技伦理风险评估,建立科技伦理风险研判、审查监管、违规查处、宣传教育培训等常态化工作机制。因此,科学研究机构作为科技伦理治理的重要主体,应当积极参与科技伦理治理,开展科技伦理知识宣传普及、教育培训、风险研判、咨询等服务。

(三)科学研究机构在科技伦理治理中的职责定位

职责定位是指机构、组织或个人在特定领域或任务中所承担的责任和角色。科学研究机构在科技伦理方面承担着遵守伦理准则、伦理教育与培训、参与科技

---

[1] 参见:陈爱华.论现代科技伦理的应然逻辑[J].东南大学学报(哲学社会科学版),2018,20(3):16-22,146.

伦理研究与引导等责任和角色。概括而言,主要包括以下两个方面。

1.对潜在的伦理风险负有预判、防范的责任

首先,科学研究机构通常拥有科技前沿知识和较强的专业能力,特别是身处其中的科研人员在进行科学研究时,能够深入了解和分析科技发展的潜在伦理问题和风险,这是他们对伦理风险具有预判能力的基础。科技创新不仅要追求技术进步和经济效益,还要考虑伦理和社会影响。科学研究机构可以通过制定科技伦理准则、开展科技伦理评估等方式,引导科技创新符合科技伦理原则,避免伦理风险和道德冲突。其次,开展伦理教育和培训,可以切实提高科研人员对潜在伦理问题的敏感性,科研人员对伦理问题的防范能力得以增强。1958年,在第三次帕格沃什会议上通过的《维也纳宣言》中,科学家们声明道:"科学家由于他们具有专门的知识,因而相当早地知道了由于科学发现所带来的危险和约束,从而他们对我们这个时代最迫切的问题也具有一种特殊的能力和一种责任。"[①]可以看出,在《维也纳宣言》中,科学家对于真理的追求与对社会风险的防范有机地统一起来,这正是科学自由与社会责任相统一的科技伦理观。

2.负有提高民众传播科技伦理意识的责任

科学发展的最终宗旨是让人类生活更加美好,是为了造福人类,其落脚点在于每一个人。因此,科学的发展不能离开群众的参与和支持。向公众传播科技伦理知识,增强公众对科技伦理的认知和理解,是每一名科学家的责任。科学研究机构负有提高民众传播科技伦理意识的责任,这是因为科学研究机构在科技伦理领域具有专业知识和权威性,能够发挥重要的引导和教育作用。首先,科技伦理是一个复杂的领域,涉及众多的伦理问题和道德考量。科学研究机构能在某一科研领域开展科技伦理研究和评估,深入探讨和解决科技伦理问题,并形成具有权威性的研究成果。这些研究成果可以为公众提供科技伦理知识和指导,提高他们的科技伦理意识。其次,科学研究机构具有科学传播和科普的渠道和平台。科学研究机构通常具有专业的科学知识和技术能力,拥有科学权威性和公信力,通过开展科普活动、发布科学研究成果、传播科学理论、倡导科学思想和科学观念等方式,能够有效地提高公众对科技文化的认识,唤醒公众的科技伦理意识。

---

① 刀生富.论现代科学研究的社会干预[J].社会科学家,2001(3):27-30.

三、行业协会、研究会等伦理团体

在科技伦理治理中,科技界内部因学科领域等因素的影响而分化成不同的群体,同时科技界群体与社会群体也有着极大的差异。无论是科技界内部群体,还是科技界群体与社会群体,都应加强彼此之间的联系、合作以形成相对稳定、强大的科技共同体,从而对科技活动、政府行为产生有效影响。作为政府的决策参考,这些群体或者团体应为政府制定并颁布有关制度提供科学建议和参考依据。伦理团体可以通过与政府进行互动,协助政府制定更为合理的政策,确立合理的评价准则,以调节科技领域的活动。

(一)行业协会、研究会等伦理团体在科技伦理治理中的主体地位

在科技伦理治理程度相对较高的西方国家,系统性地推动科技伦理治理主要是依靠科技伦理委员会等伦理团体,这些团体主要集中在生物科技领域。而在人工智能技术等领域,主要是通过科技监管部门伦理评估、开论坛、专家民众技术交流会等形式进行科技伦理治理。

在国内,科技伦理团体的类型非常多,主要有学会、协会、研究会、联合会等,它们在性质上属于社会团体。科技伦理团体在功能定位上,主要是为科技人员提供科技成果交流、科技伦理研究的重要平台。科技伦理团体通过组织专业领域内的科技人员、科技伦理专家开展学术讨论、伦理辩论等活动,在共同研判科技研发过程中或潜在的伦理风险基础上提出伦理问题的解决方案。在这样的合作形式下,科技伦理团体能够在具体的科技伦理问题、宏观的科技伦理政策方面形成共识,从而为科技发展提供一般性的伦理指导和规范。此外,伦理团体还可以与政府互动,为政策制定提供专业建议,确保科技界的活动在伦理框架内进行。伦理团体在科技伦理治理中主要负责开发、普及或实施有关行为准则和教育活动,推动行业内科研伦理道德自律,在科学技术伦理治理中扮演重要角色。

(二)行业协会、研究会等伦理团体在科技伦理治理中的作用

随着政府机构改革与职能转变的不断深化,政府的部分职能需要行业协会来承担。社会公共事务领域的改革也需要相关行业协会、研究会等伦理团体的

配合。在市场经济体制下,行业协会、研究会等伦理团体扮演着政府、市场和社会之间的重要中介角色,在一定程度上促进了政府与市场、市场与社会、政府与社会之间的有效沟通和合作。具体来看,行业协会、研究会等伦理团体在科技伦理治理中起到三个方面的作用。

1.为伦理研究与交流提供平台

伦理团体的形成和运行,为科技专业领域的研发人员、科技伦理专家共同进行学术讨论、伦理辩论提供重要的组织保障,伦理团体通过组织学术研讨会、培训课程、专题讲座等活动,不仅能够促进行业内专业人士的交流与合作,推动行业的创新和进步,还能够共同研判已经存在的或潜在的伦理风险,关键是在讨论伦理问题解决方案的同时形成伦理共识。同时,伦理团体也为社会大众提供了一个参与讨论和表达意见的平台,伦理团体能够向政府、媒体和公众传达行业的声音和利益,参与进政策制定过程,提供专业意见和建议,维护行业的权益和形象。

2.有助于建立行业伦理治理规则和团体标准

行业协会和研究会等伦理团体通过制定行业标准和规范,能为行业内的从业人员提供指导,推动行业的规范化和标准化。这些标准和规范可以涵盖技术、操作、安全、伦理等方面。行业协会的职能之一是为行业内的企业和个人提供支持,帮助他们提高工作质量和效率,市场参与者可以通过这些团体共同解决行业内的伦理难题,确保市场活动的公正和透明。此外,伦理团体也扮演着为政府决策提供参考的智库角色,能够为政府部门制定相关的伦理制度提供专业指导。行业协会等伦理团体对本行业内的实际工作情况、伦理要求非常清楚,因而由伦理团体提供的政策建议更具有针对性和可操作性。总体上,通过这些伦理团体,政府能够更好地了解市场的需求和问题,制定更为合理的政策。

3.有助于在公众之中强化科技伦理宣传教育

伦理团体作为社会组织,有助于建立透明公开渠道,通过微信公众号、互联网、学术期刊等途径开展公众科普、宣传教育,向社会公众宣传普及科研诚信和科技伦理的有关政策信息和相关案例,以促进公众的理解和信任。对于科学工作者而言,有助于提高其道德素养与科学伦理素养,提高全民科研诚信和科技伦理意识,在学术领域形成良好的伦理及诚信氛围。同时通过典型案例的通报、发布处理结果,发挥警示教育的作用。

(三)行业协会、研究会等伦理团体在科技伦理治理中的实然样态

共同治理、公众参与一直是国际社会所倡导的伦理准则。科技伦理问题出现以来,国际上成立了许多科技伦理机构及组织践行防范原则。通常来看,良好的行业自律是这样的:科技企业建立伦理审查机制,行业组织制定科学行业规范,加强伦理培训与教育,学术团体提高监督意识。良好的公众参与应该包括:科技企业与政府公布相关的必要信息,公众能够获得所需的科技伦理知识,畅通的监督渠道,非歧视的社会风气。目前,行业协会是国内的伦理团体中较为活跃的主体之一,但在科技伦理治理中的实际作用发挥得较为薄弱,再加上新兴科技发展蕴含巨大商业利益,科技公司、媒体具有强烈商业动机在自下而上的伦理商谈中歪曲技术事实。因此,在科技伦理治理中,需要充分发挥行业协会、研究会等伦理团体的作用,确保新技术从研发到使用都能符合科技伦理规范。同时,针对科技伦理治理实际工作中的突出性问题,组织、引导行业内人员开展深度的伦理研讨,为建立行业领域内的伦理治理标准、行动指南、行业公约等提供依据。

第二节　科技伦理治理的内容领域

科技伦理治理的内容范围应该涵盖科学与技术的诸多方面。应用伦理为解决伦理冲突提供了重要的理论工具,也成为科技伦理治理的重要转向。科技伦理治理的内容并非一成不变,而是会随着科技发展和社会变革而不断变化。只有不断调整和更新科技伦理治理的内容,才能更好地应对新兴科技和社会变革带来的伦理挑战,推动科技发展与社会进步的良性互动。

一、科技伦理治理的基本内容

科技伦理适用于从事科研活动的工作人员,主要包括科学技术领域中的伦理准则和职业道德。科技伦理治理主要集中于探寻反思科技伦理的综合影响、指导规范个体伦理行为。总的来看,科技伦理治理的基本内容体现在四大方面。

(一)科技活动和科技治理中的伦理关系的处理

科技活动和科技治理中伦理关系的处理需要综合考虑不同利益相关者的权益和福祉,从而进行公正的决策。随着科学技术的迅猛发展,关于伦理关系的探讨也越来越丰富。科技伦理治理涉及的伦理关系具有多样性、复杂性和动态性,在个体层面的伦理关系有科技管理者之间、科技研发人员之间、科技工作者与科技研发人员之间的关系,在组织层面的伦理关系有不同类型的科技组织之间、科技组织与社会组织、利益相关者组织之间的关系,同时还有个体与组织之间的伦理关系。从本质来看,这些关系协调的背后是各方利益的较量与平衡的结果。应通过构建科技伦理委员会和论坛机制,为利益相关者提供科技伦理反思的公共论坛,引导各个主体对涉及的伦理关系深入思考、理解科技伦理问题,并解决伦理关系冲突问题。

(二)科技活动和科技治理活动的价值体系和伦理准则的制定

价值体系和伦理准则是科技伦理治理的核心内容。科技活动和科技治理涉及广泛的社会利益,是一定社会价值取向的反映。科技的发展和成果应用能够对社会产生深远影响,能够带来技术的创新与变革,推动社会和经济的变革,从而改善人类生活的环境。因此,为了确保科技发展和应用符合社会的价值观和伦理准则,需要制定相应的价值体系和伦理准则来指导科技活动和科技治理。伦理原则一般由国际组织、监管机关、行业协会、科技企业、研究机构制定,通常以义务、结果、美德为导向,对个人行为提出增强社会福祉、尊重个体尊严、公正公平等要求。科技活动和科技治理活动的价值体系和伦理准则对于科技活动者和科技管理者而言具有行为规范和价值导向的作用,可以保障公众的权益,促进社会的公平和公正,确保科技的安全和可持续发展。这些价值原则和伦理规范,既是大量科学技术人员在长期工作中的经验积累,又直面科技活动中所面临的伦理难题,具有一定的现实价值,不仅符合人类社会长远发展的根本要求,还适应当前科技活动、科技伦理治理工作中的现实需求。因此,科技活动和科技治理活动的价值体系和伦理准则的制定是一项复杂而多元的过程,并非任意拟定的,这需要多个参与方在一定的程序下进行,确保准则的权威性和可操作性。

(三)科技伦理治理系统及其运行机制的探索

科技伦理治理系统包括科技伦理治理准则的制定、科技伦理审查与监管、科技伦理风险评估、科技伦理教育与意识提升等多个子系统。伦理原则和道德规范的制定是科技伦理治理系统中的一个重要环节,但科技伦理治理更重要的任务在于将这些伦理原则和道德规范深深渗透在每一项科学技术活动之中。换言之,需要找到一条或者多条路径将科技伦理治理中的价值原则付诸实践,推动科技伦理治理准则成为引领科技伦理治理工作的关键环节。因此,对科技伦理治理作用原理和运行机制的探索,也是科技伦理治理的重要内容。

(四)科技伦理治理理论体系的构建

科技伦理治理理论体系的构建是一个承前启后的过程,其过程对已有的科技伦理治理理论进行研究和分析,总结其中的优点和不足,从而为构建新的理论体系提供借鉴和参考。在现有的科技伦理理论和科技治理实践中,探索新的理论框架和概念,以适应不断变化的科技发展和社会需求,其内容应该包括科技伦理治理的价值内涵,科技伦理治理思想的产生和发展,科技伦理治理的研究对象、方法、特点,科技伦理治理的价值体系与原则规范,科技伦理治理的运行机制与实现途径等。

二、科技伦理治理的主要领域

科技伦理治理的主要领域是指在科技发展和应用过程中,需要特别关注和处理的伦理问题所涉及的领域。总的来看,包括生命伦理、基因伦理、生态伦理、信息伦理和现代军事伦理等五个领域。

(一)生命伦理

生命伦理是伦理学在生命和医学领域的应用,其核心内容涉及对生命的生殖、进化、死亡等问题的看法与思考,旨在规范和引导人们对生命的伦理思考和行为。它涵盖了传统的医学伦理对医务工作者职业道德的基本要求,并将其提升到了一个全新的层次和境界。生命伦理强调了义务论、公益论和价值论的统一。它要求医生从医行为符合道德规范,并将道德考量纳入医学发展前沿技术应用的决策过程中。这意味着生命伦理不仅规范了医学主体的行为,还直接参与是否在医学某一领域采用新技术的道德判断。生命伦理的重要性在于它能够帮助我们在尊重生命和人的价值的前提下,面对现代生物医学技术引发的伦理问题。通过生命伦理的指导,人们能够更好地平衡医学发展与伦理原则之间的关系,确保科技的应用符合社会价值观,并最大限度地保护和尊重生命。总之,生命伦理是一种将伦理学原则应用于生命和医学领域的行为规范,旨在引导和规范人们对生命和医学伦理问题的思考和行动,帮助人类正确理解生命的本质、尊重生命的价值,从而对生命技术带来的问题进行符合社会价值观的伦理判断和约束,以实现医学发展与伦理原则的和谐统一。

(二)基因伦理

基因伦理是指在基因技术应用于人类的繁殖、医疗、药理等领域时所涉及的伦理道德。基因伦理关注的核心是基因科学和生物技术对人类和其他生物的影响以及相关的伦理考虑,主要包括基因编辑与基因改造、基因测试和遗传、基因信息的隐私和保护等多个方面的内容。基因编辑和基因增强等新的基因技术的出现,对当代伦理学提出了新的挑战,社会需要发展出一种新的生命哲学和基因伦理学。基因技术的进步,伴随而来的是它所引发的伦理道德问题讨论,以及对医药、生物学领域甚至军事领域的重大影响。在这一时代发展背景下,基因伦理成为现代社会中的一个重要议题,其核心是人的尊严。围绕这一核心问题,人类基因资源如何开发和利用、日常中经常能够听到的基因大争夺成为焦点领域。基因伦理涉及的具体问题有基因能否被专利化以及是否存在隐私问题,更高层次的问题则是基因武器的研发及其对人类安全的影响。这些问题涉及对人类基因的所有权、知情同意和个人隐私的保护等方面。同时,基因技术的潜在军事应用也引发了对人类安全和道德边界的思考。

(三)生态伦理

人类与自然环境的关系是一个复杂问题。随着科技进步和生产力的提高,人类逐渐成了自然的主宰者,我们改变和利用自然资源的能力大大增强。但是,从人类社会发展历史来看,一段时期内过于强调人类的能动作用、秉持人类中心主义观点,带来了生态环境恶化、资源枯竭的难题。自此之后,人们普遍开始关注的热点问题是,如何建构适应时代发展、人类发展的生态环境伦理体系。此时,生态伦理学是人与自然关系在道德生活层面的理论基础,在生态学理论揭示的人与自然相互作用规律的前提下,深入思考与之相关的伦理道德问题。生态伦理重在强调人与自然的相互依存和共存共融,强调对环境的尊重和保护,以实现人类的可持续发展为首要目标。在改造自然的过程中,生态环境伦理学强调保持生态平衡,不以牺牲环境为代价追求短期经济发展。在环境伦理学的讨论中,一些学者对非人类中心主义环境伦理学的"内在价值论"提出了质疑。他们认为,价值是人类主体根据自身需求和标准对对象进行评价的结果,自然物并不具有内在价值。但是,这并非说明人类不需要对自然讲究伦理道德。总体上,生态伦理的核心理念和价值旨归在于建构生态化的伦理价值观,有助于人们厘清、处理好人与自然之间的关系,实现全面协调可持续发展。

(四)信息伦理

信息伦理是关于信息传播和使用过程中的道德原则和价值观的准则,关注的是在信息社会中,人们在获取、处理和传播信息时应遵循的道德规范和行为准则。它涉及个人隐私保护、知识产权保护、信息安全、信息公平和信息可靠性等方面的问题。信息伦理也需要考虑不同文化和价值观之间的差异。不同文化对于隐私、知识产权和信息公开等问题可能存在不同的看法和规范。因此,信息伦理需要尊重和包容不同文化背景下的道德观念,寻求共识并制定相应的规范和准则。

随着现代科学技术特别是大数据的广泛应用,人类社会已经步入了信息社会,与之相适应的是信息传播媒介、受众对象均发生了巨大变革,但同时也导致了一系列的伦理难题。科技伦理治理的内容逐渐扩展到了数据的伦理问题,如数据隐私保护、数据安全、数据使用的合法性和道德性等。在大数据时代,个人隐私安全成为首要挑战。除此之外,还有网络犯罪、网络病毒、网络黑客、信息垄断、网上知识产权等,这些问题严重危害着社会公共利益和国家安全。

(五)现代军事伦理

在现代社会,军事技术的发展与应用是不可避免的。现代军事伦理是指在现代战争和军事行动中,军事人员和决策者应遵循的道德原则和价值观。它涉及军事行为的正当性、人道性、公正性和责任性等方面的考虑。基因技术在军事领域的应用引发了一系列伦理问题。基因武器是通过基因重组技术来改变微生物的性状而制造出的一种新型生物武器,它使本不致病的微生物具有致病能力,还可以根据人类的基因特征选择特定种群作为攻击对象。这种武器被科学家们称为"种族武器",因为不同种群的基因存在差异,将基因表现不同的产物作为攻击目标是可行的。一旦基因武器在战争中被使用,将给人类带来新的灾难。现代科学技术的发展在带来巨大的利益的同时也带来了重大挑战,尤其在军事领域,高新技术的迅速应用使得武器的研制更趋先进、使用效能大幅提升,但也引发了科技伦理和法律等多方面的复杂问题。从核武器到基因武器,这些新型武器的出现给人类社会带来了巨大的威胁。基因武器的研究和应用,特别是针对特定种族的基因武器,不仅违背了人道主义原则,还对人类的生存和发展环境造成了严重破坏。因此,必须通过正义的伦理道德来制止不正当行为,以保护地球和人类的未来。我们应该认识到科学技术的双重性,既要善用科技创造福祉,又要在军事领域遵循道德准则,确保科技的发展符合人类的利益和价值观。

第三节　科技伦理治理的政策体系

科学技术界伦理问题频发,在这一现实背景下,科技伦理治理开始进入党和国家的决策视野。2022年3月,中共中央办公厅、国务院办公厅印发《意见》,填补了国内科技伦理治理的制度空白,是我国国家层面科技伦理治理的第一个指导性文件,体现了党中央、国务院加强科技伦理治理的坚定决心。[1]本节通过梳理科技伦理治理政策的发展脉络,探讨科技伦理政策制定的目的与原则。

一、科技伦理治理政策的发展脉络

改革开放以来,与科技事业的蓬勃发展相一致,科技研究中的伦理道德问题得到关注和重视。1987年我国首次提出设立"伦理委员会"并制定相关制度,科技伦理治理开始出现。[2]随着科学的不断进步,科技伦理治理关注的焦点呈现从科研伦理到生物技术伦理再到人工智能伦理的演变,相关政策和法规体系正在逐步完善,这对于建立健全科技伦理治理体系、推动科技与社会的和谐发展具有重要意义。

(一)科技伦理治理政策的出台背景

科技与伦理在本质上是相互关联的两大系统。科技拓展了人类行为的空间和方式,而伦理则对这些行为进行价值判断。然而,随着新兴科技的发展,它所引发的伦理冲突日益成为科技治理的核心问题。科技的发展需要遵循引进、渗透和权力化的演进路径,而随着技术的社会渗透度不断加深,受其影响的行为选择范围扩大,潜在的伦理问题也随之增加。新技术的融合特性加剧了技术变革的不可预测性,增加了技术发展至权力化阶段的可能性。新兴科技有着推动社会剧烈变革的潜力,导致诸多价值冲突问题的出现,譬如信息科技发展带来的交流便利与隐私侵犯之间的事实冲突,以及文化多元与虚无主义之间的价值观冲突,等等。

科技伦理在科技系统中的功能逐渐扩大,已经从单纯的个体行为评价工具发展为重要的治理工具。科技伦理从哲学理论或概念演变为治理机制,是科技治理体制在科技与社会的持续互动中不断探索的结果。科技伦理治理旨在解决

---

[1] 参见:刘垠.科技伦理治理亮出硬招实招[N].科技日报,2022-03-24(1).
[2] 参见:赵力佳,王颖斌.系统思维赋能科技伦理治理体系建设探析[J].现代交际,2025(1):59-67,122-123.

伦理困境,探讨和反思科技伦理的影响,从而为个体行为提供指导。在现实中,科技伦理问题频频出现,引起国家层面的重视,相关研究逐步进入国家决策的视野,并成为各级人大代表、政协委员关注的重要提案。

(二)科技伦理治理政策的陆续出台

科技伦理治理政策的陆续出台是对科技发展和社会变革的回应,旨在应对科技创新中出现的伦理挑战和争议。随着人工智能、基因编辑、大数据等新兴技术的快速发展,涉及隐私保护、公平性、安全性等伦理问题的讨论日益增多。为了确保科技创新与社会价值的平衡,政府不断完善各项配套政策。2019年国务院《政府工作报告》中,提出要"加强科研伦理和学风建设,惩戒学术不端,力戒浮躁之风"。同年5月,科技部监督司党支部组织开展"研究伦理学、人类基因编辑伦理学"的专题学习活动。同年7月,中央全面深化改革委员会第九次会议审议通过《国家科技伦理委员会组建方案》,要求加强统筹规范和指导协调,推动科技伦理治理体系建设,加快完善科技伦理相关法律法规体系,规范科学研究活动。[①]2019年党的十九届四中全会通过的《中共中央关于坚持和完善中国特色社会主义制度、推进国家治理体系和治理能力现代化若干重大问题的决定》明确提出了健全科技伦理治理体制。2021年新修订的《中华人民共和国科学技术进步法》更是明确强调了科技伦理治理的重要政治意义。2022年3月中共中央办公厅、国务院办公厅正式印发了《意见》。这些动向都为科技伦理法治化提供了政策支持,为伦理建制领航科技前路指明了方向。[②]科技伦理治理政策的制定和完善,需要科研机构、科技企业以及公众的共同努力。只有通过科技伦理治理政策的引导和落实,科技发展才能更好地为人类服务,实现可持续发展目标。

(三)现有政策文本梳理

20世纪90年代以来,我国陆续颁布与科技发展相关的法律法规与政策文件,其中包含对于科技伦理的具体规定(见表3-1)。其中,《意见》的出台推动了

---

① 参见:陆航.科技伦理引导科技良性发展[N].中国社会科学报,2019-08-05(1).
② 参见:卢阳旭,张文霞,何光喜.我国科技伦理治理的核心议题和重点领域[J].国家治理,2022(7):14-19.

科技伦理治理进入新阶段。从梳理的政策来看,政策从宏观层面到具体细节,涵盖了科技研究、技术应用、数据保护、生命伦理等多个方面。归结起来,相关的政策法规主要集中在生命科学领域,而工程伦理、技术伦理、信息伦理等领域的政策法规文本相对不足。从政策内容来看,科技伦理政策关注科技发展中的伦理问题和风险,并提出相应的管理措施。譬如,针对人工智能技术的伦理问题,我国政府提出了人工智能治理原则,强调数据隐私保护、公平公正、透明度和社会责任等方面的要求。同时,科技伦理政策开始注重社会参与和公众意见征集,提出组织专家、学者、企业和公众等多方参与,通过听取各方意见和建议来完善政策,以确保政策的科学性和公正性。此外,在不少政策中还强调加强对科技伦理研究和教育的支持,培养科技伦理专家和人才,推动科技伦理法治建设的进一步发展。尽管如此,相较于欧美国家伦理相关法律法规的文本体量而言,国内的科技伦理法治建设仍然相当薄弱。从这个角度来看,进一步完善科技伦理法治建设,加强科技伦理监管和引导,将是未来一段时期内我国科技发展的重要任务。

表 3-1　科技伦理治理现行有效的政策法规(部分)

序号	政策法规名称	出台部门	相关内容	出台时间
1	《中华人民共和国民法典》	全国人民代表大会	第一千零九条:"从事与人体基因、人体胚胎等有关的医学和科研活动,应当遵守法律、行政法规和国家有关规定,不得危害人体健康,不得违背伦理道德,不得损害公共利益。"	2020年5月28日
2	《中华人民共和国促进科技成果转化法》	全国人民代表大会常务委员会	第四十一条:"科技成果完成单位与其他单位合作进行科技成果转化的,合作各方应当就保守技术秘密达成协议;当事人不得违反协议或者违反权利人有关保守技术秘密的要求,披露、允许他人使用该技术。"	2015年8月29日
3	《高等学校预防与处理学术不端行为办法》	教育部	第六条:"高等学校应当完善学术治理体系,建立科学公正的学术评价和学术发展制度,营造鼓励创新、宽容失败、不骄不躁、风清气正的学术环境。"	2016年6月16日

续表

序号	政策法规名称	出台部门	相关内容	出台时间
4	《关于进一步加强科研诚信建设的若干意见》	中共中央办公厅、国务院办公厅	第七条:"从事科研活动和参与科技管理服务的各类人员要坚守底线、严格自律。" 第八条:"加强科技计划全过程的科研诚信管理。"	2018年5月30日
5	《中华人民共和国科学技术进步法》	全国人民代表大会常务委员会	第一百零三条:"国家建立科技伦理委员会,完善科技伦理制度规范,加强科技伦理教育和研究,健全审查、评估、监管体系。"	2021年12月24日
6	《关于加强科技伦理治理的意见》	中共中央办公厅、国务院办公厅	指导思想:"加快构建中国特色科技伦理体系,健全多方参与、协同共治的科技伦理治理体制机制。"	2022年3月20日
7	《人体器官捐献和移植条例》	国务院	第四十五条:"人体器官捐献协调员、医疗机构及其工作人员违反本条例规定,泄露人体器官捐献人、接受人或者申请人体器官移植手术患者个人信息的,依照法律、行政法规关于个人信息保护的规定予以处罚;构成犯罪的,依法追究刑事责任。"	2023年12月4日
8	《人胚胎干细胞研究伦理指导原则》	科学技术部、卫生部(已撤销)	第九条:"从事人胚胎干细胞的研究单位应成立包括生物学、医学、法律或社会学等有关方面的研究和管理人员组成的伦理委员会,其职责是对人胚胎干细胞研究的伦理学及科学性进行综合审查、咨询与监督。"	2003年12月24日
9	《涉及人的生物医学研究伦理审查办法》	国家卫生和计划生育委员会(已撤销)	第七条:"从事涉及人的生物医学研究的医疗卫生机构是涉及人的生物医学研究伦理审查工作的管理责任主体,应当设立伦理委员会,并采取有效措施保障伦理委员会独立开展伦理审查工作。"	2016年10月12日

续表

序号	政策法规名称	出台部门	相关内容	出台时间
10	《中华人民共和国数据安全法》	全国人民代表大会常务委员会	第八条:"开展数据处理活动,应当遵守法律、法规,尊重社会公德和伦理,遵守商业道德和职业道德,诚实守信,履行数据安全保护义务,承担社会责任,不得危害国家安全、公共利益,不得损害个人、组织的合法权益。"	2021年6月10日
11	《中华人民共和国个人信息保护法》	全国人民代表大会常务委员会	第十一条:"国家建立健全个人信息保护制度,预防和惩治侵害个人信息权益的行为,加强个人信息保护宣传教育,推动形成政府、企业、相关社会组织、公众共同参与个人信息保护的良好环境。"	2021年8月20日
12	《互联网信息服务算法推荐管理规定》	国家互联网信息办公室、工业和信息化部、公安部、国家市场监督管理总局	第四条:"提供算法推荐服务,应当遵守法律法规,尊重社会公德和伦理,遵守商业道德和职业道德,遵循公正公平、公开透明、科学合理和诚实信用的原则。"第六条:"算法推荐服务提供者应当坚持主流价值导向,优化算法推荐服务机制,积极传播正能量,促进算法应用向上向善。"	2021年12月31日

二、科技伦理治理政策的制定目的

科技伦理治理政策制定的目的是确保科技的发展与应用不违背社会的价值观和伦理原则。随着科技的迅猛发展,各种新兴技术如人工智能、基因编辑、大数据等,正在深刻地改变着人们的生活和社会。然而,这些科技的快速发展也带来了一系列伦理问题和风险,如隐私保护、人类尊严、社会公平等。因此,科技伦理治理政策的制定成为加强科技伦理治理的必要举措。为了实现特定的政策目标,相关部门在已有的政策信息与条件下,通过科学合理的方法,从若干个备选政策方案中,依据"满意"准则选择一个方案,这是一般政策出台的过程。科技伦理治理政策制定作为科技伦理治理过程中的重要一环,贯穿科技伦理治理全过程中的计划、组织、领导、控制等环节,贯穿整个科技伦理治理系统之中,是科技伦理治理活动与行为的基本遵循。因而,科技伦理治理目的、目标的实现,应当重视科技伦理治理政策的制定,而科技伦理治理政策制定的最终目的是实现科技伦理治理的善治。

三、科技伦理治理政策的遵循原则

科技伦理治理政策从根本上说是一系列平衡科技创新与社会利益关系的准则和规定。科技伦理治理政策在一定程度上遵循了管理伦理的基本原则,即公正、和谐、人道、效率、民主等,这些原则是指导制定政策的基础,在科技伦理治理政策的制定过程中起到指导和约束的作用,以保障科技伦理治理政策的科学、合理和有效。具体来看,科技伦理治理政策的制定需要遵循公正、和谐、以公共利益为核心价值等原则。

(一)公正原则

科技伦理治理政策制定的公正原则是指确保政策制定过程和政策内容在公正、公平、透明和平等的基础上进行。公正原则旨在确保政策的制定和实施过程不偏袒特定群体或利益相关者,而能够最大限度地满足社会的整体利益和公共利益。制度公正是公正原则的核心。公正原则要求政策制定者按照平等、民主、公开的准则在管理活动中制定统一的管理标准,确保分配权利与义务的公正,同时为政策客体提供均等的发展机会,使政策平等地对待所有人,不论其社会地位、种族、性别、宗教或其他身份特征。此外,公正原则还要求科技伦理治理政策制定过程的广泛参与和民主决策,这意味着在政策制定过程中应该涉及多个利益相关者,包括政府、学者专家、第三组织、科技企业和普通公众。通过开展广泛的信息收集、公开听证会、咨询和讨论等方式,政策制定者能够听取各方的声音和意见,确保政策制定过程的民主和透明。

（二）和谐原则

和谐是指事物之间的协调、平衡和统一状态,它包括社会人际交往之间的和谐与人与自然环境之间的和谐。在科技研发、管理活动中,人与人之间、群体和社会之间经常因利益产生矛盾和冲突,科技伦理治理政策的功能就是要调节多个利益相关者之间的关系,使其维持在一定的社会秩序之内,实现和谐、互助与合作。随着科学技术的进步,人类逐渐成为自然界的主宰。然而,人类对自然资源的过度掠夺和滥用行为,已经引发了全球性的生态危机、人口危机以及能源和资源危机,这些问题对人类的进一步生存和发展构成了巨大威胁。这一现象促使大家反思人类对待自然的态度,强调应尊重生态发展规律、保护环境、维护生态平衡,并促进人与自然的和谐共生,以此作为限制自身行为的道德原则。因此,在制定科技伦理治理政策时,必须遵循和谐原则,这就不仅要促进人与人之间的理解、尊重与合作,还要确保科技的发展不以破坏自然环境为代价,协调科技进步与环境保护及资源可持续利用之间的关系,实现二者的有机统一。

（三）公共利益导向原则

公共利益是指社会整体的利益,涉及公众的福祉、权益和社会的发展。它是政府和决策者在制定政策和进行决策时应该优先考虑的核心价值。公共利益的实现需要平衡不同群体利益之间的冲突,追求社会的公平、公正和可持续发展。作为一种国家治理的手段,科技伦理治理政策制定应考虑的核心价值是公共利益。这意味着科技伦理治理政策制定者应该优先考虑社会的整体利益,而不是个别利益或特定群体的利益。公共利益是最首要、最重要的考量因素。科技伦理治理政策制定应该关注科技所带来的社会效益,即科技的发展和应用对整个社会的影响和贡献,所追求的是社会效益最大化,确保科技的发展和应用能够真正造福社会,提高人们的生活质量,增进民生福祉。

第四节　科技伦理治理的现实成效

2022年3月20日,中共中央办公厅、国务院办公厅印发了《意见》,对加强科技伦理治理作出系统部署。在此之前,科技创新重点领域的伦理问题已经引起党、政府、相关部门和社会的高度重视。尽管目前仍存在一些问题,但不能忽视过去多年来科技管理部门、科研承担单位、科研人员自身等多元主体共同努力所取得的成果。多元主体的共同努力为科技发展中的伦理治理奠定了坚实的基础。

一、法规制度逐步完善

我国科技伦理治理的制度建设起步较晚,可以追溯到1988年颁布的《实验动物管理条例》。该条例对实验动物的饲育管理、检疫和传染病控制、应用以及进出口管理等进行了明确、详细的规定,同时对从事实验动物工作的人员提出了相应的要求。自此之后,国务院、原卫生部、原卫计委等部门针对人类遗传、药物临床试验等生物医学领域方面的伦理道德问题出台了相关规定。2017年,国务院印发的《新一代人工智能发展规划》中明确提出,要制定促进人工智能发展的法律法规和伦理规范,这是首次将生物医学以外的学科领域的伦理问题提上日程。除此之外,国家自然科学基金委员会监督委员会、科技部、教育部等部门分别出台了《对科学基金资助工作中不端行为的处理办法(试行)》《国家科技计划实施中科研不端行为处理办法(试行)》《高等学校预防与处理学术不端行为办法》等相关制度,在科学研究伦理方面对科研不端的具体行为以及处理措施进行了明确规定。以《高等学校预防与处理学术不端行为办法》为例,关于"学术不端行为"的定义在总则中就进行了明确界定,并进一步地在第五条、第七条中进行补充。

近年来,虽然国内科技伦理相关的政策文件逐渐增多,但是仍然主要集中于科研伦理、生命和医学伦理领域,其中科研伦理政策主要集中在对学术不端、科研诚信的行为规范,医学伦理相关政策则主要是规范医疗实践中的伦理问题,而生命伦理相关政策将矛头直指实验室,重点关注实验动物和实验过程中的伦理规范。相比而言,我国对工程伦理和技术伦理的关注不足,相关的法规政策尚有欠缺。

总的来看,科技伦理法治化已经有相关立法思路以及制度基础。虽然在刑法规制当中没有明确的与科技伦理相关的刑法罪名,但非法行医罪、危害公共安全罪等可依情况适用,不过其刑罚较轻。科技伦理的行政法规制较多,主要内容散见于部门规章、行政法规当中,多设定行政处罚,集中于生物医学科学领域和科研诚信领域。与此同时,科技伦理审查和评估等制度都在逐步规范,相关监管以及配套程序也在不断完善,为科技伦理法治化奠定了深厚基础。

二、管理体制逐渐理顺

从整体上看,我国的科学技术管理体制呈现高度集中的特点,这也是科技伦理治理体制的核心特性。2023年3月,中共中央、国务院印发《党和国家机构改革方案》,提出组建中央科技委员会作为党中央决策议事协调机构,旨在加强党中央对科技工作的集中统一领导,统筹推进国家创新体系建设和科技体制改革,研究审议国家科技发展重大战略、重大规划、重大政策,统筹解决科技领域战略性、方向性、全局性重大问题,研究确定国家战略科技任务和重大科研项目,统筹布局国家实验室等战略科技力量,统筹协调军民科技融合发展等。同时,《党和国家机构改革方案》还提出重新组建科学技术部,加强科学技术部推动健全新型举国体制、优化科技创新全链条管理、促进科技成果转化、促进科技和经济社会发展相结合等职能,强化战略规划、体制改革、资源统筹、综合协调、政策法规、督促检查等宏观管理职责。国家科技伦理委员会作为中央科技委员会领导下的学术性、专业性专家委员会,不再作为国务院议事协调机构。[1]相应地,地方政府也设有科技管理机构,负责组织和管理地方科技工作。

---

① 参见:中共中央国务院印发《党和国家机构改革方案》[N].人民日报,2023-03-17(1).

三、研究机构已成体系

随着科技创新的重要性日益凸显,政府对科学研究机构的投资和支持不断增加,以鼓励和支持科研机构的发展。譬如,设立全国重点实验室(见表3-2)、国家重点研发计划等重大科研项目;建设北京中关村科技园区、上海张江高科技园区、深圳前海深港现代服务业合作区等科学城和科技园区;材料科学、生物技术、信息技术等领域的全国重点实验室的建设数量超过700所。这些科学研究机构,几乎涵盖了所有的学科领域,包括高等学校的科研院所、科学院的研究所、企事业单位的研发中心等,极大促进了科技创新和产业发展。2022年1月1日起施行的《中华人民共和国科学技术进步法》第四十八条提出,要"建立健全以国家实验室为引领、全国重点实验室为支撑的实验室体系,完善稳定支持机制"。2023年国务院《政府工作报告》提出:"构建新型举国体制,组建国家实验室,分批推进全国重点实验室重组。"由此可知,全国重点实验室的建设影响深远、意义重大,开始成为新的国家战略科技力量。

表3-2　部分高校的全国重点实验室

依托高校	实验室名称
北京大学	跨媒体通用人工智能全国重点实验室
	微纳电子器件与集成技术全国重点实验室
电子科技大学	通信抗干扰技术全国重点实验室
	电子薄膜与集成器件国家重点实验室
东南大学	毫米波国家重点实验室
	移动通信全国重点实验室
	数字感知芯片技术全国重点实验室
复旦大学	集成芯片与系统全国重点实验室
湖南大学	整车先进设计制造技术全国重点实验室
	功率半导体与集成技术全国重点实验室
	电能高效高质转化全国重点实验室

续表

依托高校	实验室名称
清华大学	高端装备界面科学与技术全国重点实验室
	智能绿色车辆与交通全国重点实验室
	互联网体系结构全国重点实验室
	新型电力系统运行与控制全国重点实验室
武汉大学	杂交水稻全国重点实验室
西安交通大学	精密微纳制造全国重点实验室
	复杂服役环境重大装备结构强度与寿命全国重点实验室
	人机混合增强智能全国重点实验室
西北农林科技大学	作物抗逆与高效生产全国重点实验室
西南大学	资源昆虫高效养殖与利用全国重点实验室
西南交通大学	轨道交通运载系统全国重点实验室
燕山大学	起重机械关键技术全国重点实验室
中山大学	水产动物疫病防控与健康养殖全国重点实验室
	工业产品环境适应性国家重点实验室

第五节　本章小结

　　科技伦理治理是在科技发展和应用过程中,对科技人员的行为与科技产品进行规范和监督的一种行为。它关注科技活动对人类社会、环境和个体的影响,主要目的是确保科技的发展和应用与国家法律、社会道德以及社会主义核心价值观相契合,即实现科技的向善发展。科技伦理问题通常是复杂且具有综合性的,需要政府及相关部门、科学研究机构以及行业协会、研究会等伦理团体的多方参与。在我国,政府居于科技伦理治理的主导性地位,主要通过制定法律法规、加强监管、信息发布和公众教育等手段推动科技的良性发展。科学研究机构是推动科学研究和创新的重要组织，也是科技伦理规范的主要对象。行业协会、研究会等伦理团体的存在为科技伦理研究和交流提供了一个重要的平台，可以通过与政府进行互动，协助政府制定更为合理的政策。

科技伦理治理涉及的领域亦较为广泛，包括生命、基因、生态、新材料、信息、军事等多个领域。每个领域都需要制定相应的规范和监管措施，确保科技的发展和应用符合伦理原则，保护公众利益和个人权益。

科技伦理治理的政策体系是一个综合的、多层次的体系，包括法律法规、伦理准则、伦理审查制度、伦理教育和培训、伦理监督和追责机制等方面。科技伦理政策制定的最终目的是实现科技伦理治理的善治。科技伦理治理政策在制定过程中必须遵循公正、和谐、以公共利益为核心价值等基本原则，这些原则是指导制定政策的基础，在科技伦理政策的制定过程中起到指导和约束的作用。

随着科技的不断发展，科技伦理治理也取得了一定的成效。科技伦理治理法规逐渐建立完善，科技伦理管理体系逐渐理顺，科学研究机构体系逐渐走向成熟。科技伦理治理相关政策措施的制定和实施，有效地保障了科技活动的伦理性和社会公众的利益，推动着科技与社会的和谐发展。

第四章

科技伦理治理体制机制的梗阻挖掘

随着现代科学技术的快速发展,人们在享受科技进步带来的便利生活方式和显著经济社会效益的同时,也面临着由此引发的新伦理道德问题,譬如隐私保护、数据安全和人工智能的应用等。这些问题不仅涉及科学技术的应用本身,还对人类社会和个人产生了深远的影响。因此,本章将深入探讨科技伦理治理体制机制中存在的主要梗阻及其形成原因。

第一节　科技伦理治理体制机制存在的现实梗阻

科技伦理治理体制是指在科学技术领域中建立的一套包含组织结构、规则和制度等的系统,是一种有序的、相互协调的安排。科技伦理治理机制则是指在科技伦理治理体制中为实现特定目标或解决特定问题而建立的一套具体的操作方式和步骤,它是科技伦理治理体制的具体实施方式和工具,主要包括具体的操作程序、流程、工具和方法等。简言之,科技伦理治理体制是科技伦理治理机制的基础和框架,科技伦理治理机制是科技伦理治理体制的具体实施和运行方式,二者相辅相成,共同构成了一个完整的管理和运作体系。

一、科技伦理治理对象的复杂性

科技伦理治理通常面临着治理对象不确定与治理原则不统一两大方面的问题,这使得科技伦理在实际的治理过程中充满了复杂性、模糊性。

(一)科技伦理治理的对象不确定

一般认为,新兴科技指的是刚投入生产或尚未投入生产的开发研究技术或工程技术,通常包括尖端科技或尖端科技之间的融合,譬如新一代会聚技术NBRIC(纳米技术、生命技术、机器人技术、信息与通信技术、应用认知科学)等,这些都是新兴科技的典型代表。在当前及未来的一段时期内,新兴科技仍处于迅速发展的阶段,尚未形成一种固定的发展模式,而且由此引发的伦理问题也将会不断涌现。正是因为新兴科技及其伦理问题的不确定性,公共部门在进行科技伦理治理时,必须首先明确治理对象这一核心问题。现有研究多集中于科技伦理治理的概念辨析、价值与原则、方法与机制等方面,但对于科技伦理究竟应治理哪些内容的回答仍然不够清晰。实际上,对于这一问题的解答应主要包括两个层面:一是哪些新兴科技需要伦理治理,二是哪些由新兴科技引发的伦理问题需要治理。

(二)科技伦理治理的原则不统一

尽管对科技进行伦理治理的意向已经达成,但治理原则仍然无法统一,而且在实际的操作上也比较困难。以人工智能的伦理治理为例,国内外先后出台了一系列伦理治理指南和规划,而其中的治理原则不尽相同。譬如,欧盟委员会于2019年4月发布了由人工智能高级专家组编制的《可信任人工智能的伦理指南》(Ethics Guidelines for Trustworthy AI),重点指出"可信任AI"应当体现出如下四项原则:尊重人类自主性、预防伤害、公正性与可解释性。2017年12月,美国电子电气工程学会(IEEE)发布了第2版《人工智能设计的伦理准则》白皮书(Ethically Aligned Design V2),指出人工智能的伦理设计、发展和实施需要遵循人类权利、福祉、问责制、透明性、慎用五条伦理原则。2017年"阿西洛马人工智能原则"(Asilomar AI Principles)被提出,其中伦理原则有十三条,分别是:安全性、故障透明性、司法透明性、责任、价值归属、人类价值观、个人隐私、自由和隐私、分享利益、共同繁荣、人类控制、非破坏、避免人工智能军备竞赛。①日本内阁府2018年发布《以人类为中心的人工智能社会原则》，提出构建安全有效的"AI Ready 社会"的概念，要求遵循如下伦理原则：人类中心原则、教育应用原则、保护隐私原则、保障安全原则、公平竞争原则、公平性、说明责任及透明性原则、创新原则。②中国国家新一代人工智能治理专业委员会于2019年6月发布《新一代人工智能治理原则——发展负责任的人工智能》，提出了和谐友好、公平公正、包容共享、尊重隐私、安全可控、共担责任、开放协作、敏捷治理八条治理原则。③可见，不同的治理主体对科技伦理治理原则的侧重不同，这就引发了科技伦理治理原则方面的难题，即新兴科技的伦理治理究竟应该遵循哪些原则。

二、科技伦理治理机制有待完善

科技伦理治理机制旨在解决新兴科技带来的伦理困境，通过设定伦理评估、伦理辩论、伦理行为规范等方式，推动社会对新兴科技的创新与发展进行持续性的伦理反思。该机制的模式特征包括适应性治理与软法规制，这与传统的法律前端规制和责任威慑的规制方式形成鲜明对比。相较于法律规制的静态、僵化与被动性特征，适应性治理与软法规制致力于应对治理对象的不确定性和复杂性，更符合新兴科技治理的需求。然而，科技伦理治理机制也存在潜在的治理失灵风险和固有的治理工具缺陷。因此，需通过适度的法治化手段来弥补适应性治理与软法规制在具体实施过程中可能表现出的低效性。

（一）个人信息保护机制不健全

个人信息收集、处理和使用过程中存在缺乏有效的制度、法规和措施来保护个人信息安全和隐私的问题。人工智能技术能够从大数据中总结人们的行为规律，并预测人们的喜好和需求。譬如，通过分析消费者的购物习惯和浏览电商网

① 参见：于雪，段伟文.人工智能的伦理建构[J].理论探索，2019(6)：43-49.
② 参见：张全洁.人工智能的伦理准则研究[D].苏州：苏州大学，2020：36.
③ 参见：姜婷婷，许艳闰，傅诗婷，等.人智交互体验研究：为人本人工智能发展注入新动力[J].图书情报知识，2022，39(4)：43-55.

站的偏好,人工智能可以判断消费者的兴趣,并根据数据预测推荐适合他们的商品。人工智能的目标是满足消费者需求,提供更便捷的消费方式,并在此基础上引导人们做出相应的干预策略。技术没有原罪,因为它没有预设的价值立场,但一旦被错误使用,后果将具有极大不确定性。由于人工智能技术依赖大数据,而大数据则是建立在人们行为数据基础上的,不规范的操作和管理常常会导致信息泄露。譬如,国内主流学习软件在"超星学习通"数据库信息泄露事件中,用户的学校、姓名、手机号、学号、性别、邮箱、密码等个人隐私信息被泄露,总计泄露数据高达约1.73亿条。这些数据甚至被公开售卖到境外平台,引发了广泛的安全和隐私担忧。类似"超星学习通"这样掌握大量用户个人信息的软件,构成了一种表面繁荣的信息乌托邦。然而,这种乌托邦存在极大的脆弱性。因此,需要综合考虑法律、监管、技术和安全等多个方面,以构筑保护个人信息的坚实屏障。人类隐私的存在既是权利的表征,同时也是技术维护的结果。

(二)伦理咨询与审查机制有所欠缺

所谓伦理审查,是指在科研与技术开发工作中,为保障利益相关者的权益,促进研究人员在研究活动中遵循客观、诚信、公正、负责等伦理原则,维护知识产权,提高专业操守,由独立的伦理委员会等机构对科研进程的道德合理性与合法性进行评估审核的制度与机制安排。[1]当代高新科技繁多,高新科技企业林立,科研机构、高等院校不胜枚举,随着产学研用的深度融合发展,从科学技术的基础研发、应用到一线从业者,均需要有效的监督管理,将科技伦理监管活动渗透于产学研的全过程。

我国的科研及相关行业主管部门已认识到现有政策的不足,并陆续出台了伦理审查和合规性监管的指导原则或条例,要求对涉及人类受试者、试验动物和人类遗传资源的研究活动进行伦理审查。这些政策还要求科研机构设立由行业研究专家和伦理学家等组成的独立伦理审查委员会,以确保审查过程透明、规范,并对审议结果负责。与发达国家相比,国内在伦理审查能力建设、教育培训服务,以及对机构伦理审查的监督、评估和规范指导方面仍存在一定差距。因此,需要在责任担当、能力建设、法律规范和制度建设等层面进行综合优化,提升

---

① 参见:高尚荣.论科研伦理审查[J].科技管理研究,2016,36(7):263-266.

科研机构伦理审查机制。同时,应加强对国际经验的分析和理论研究,以确保相关科研活动及其国际合作的高质量进行。

三、科技伦理治理意识仍需增强

意识是行为的先导。就国内科研界现状而言,仍存在着对新兴科技伦理治理的重要性认识不足、遵守科研伦理规范的意识不强、存在过度追求工具理性的逐利思维等问题。

(一)对新兴科技伦理治理的重要性认识不足

普遍来看,目前国内大中小型企业、社会团体等各类组织对科技伦理治理的认识仍然不足。特别是科技型企业,对新兴技术可能带来的伦理危害缺乏充分的预估,科技伦理意识有待进一步提升。同时,各类科研人员对科技伦理的认识也不够深入。中国科协2018年的调查显示,尽管近九成科技工作者认为违反科研伦理道德的行为具有极大危害性,但完全践行科研伦理道德的科技工作者较少。仅不到1/4的科技工作者表示在项目方案设计和研发过程中始终会考虑相关的科研伦理问题,而约有1/4至1/2的科研人员不会充分考虑潜在的伦理风险,而是继续推进科研活动。

此外,高校学生对科技伦理的认识也不够深入,甚至存在将伦理视为科技发展的束缚而拒绝科技伦理意识培育的现象。在对高校理工科学生的科技伦理意识的调查中,90.6%的受访者认为"伦理道德对科学的作用就是束缚和限制"[①]。由此可见,当前国内对科技伦理治理的认识相对薄弱,尚未正确认识到伦理治理在科技发展过程中的重要性。

(二)遵守科研伦理规范的意识不强

国内的科学研究伦理水平总体不高,遵守伦理规范的自觉性和主动性亟须加强。尽管科研人员早就对伦理问题有一定的意识,但是他们自身的伦理知识

[①] 王前,杨中楷,刘盛博,等.高校理工科学生科技伦理意识的问题与对策[J].科学学研究,2017,35(7):967-974.

相对薄弱。目前,仍然存在"技术先行、伦理在后"的现象,以及"急功近利"的科学文化氛围,这些问题需要通过法律手段来进一步改善。

国外经验表明,科技伦理教育的重点在于对科研人员以及大学生、研究生进行科学道德教育。许多大学将科研人员的道德行为规范设为必修课程,通过学习这些规范,培养他们遵守科研诚信和科技伦理的习惯。然而,国内在科研伦理教育方面存在薄弱之处。许多科研人员、教师和学生对科研规范和道德标准的了解不够深入。科研伦理教育在科研机构和高校中的覆盖面和深度不足,导致科研人员对科研伦理规范的认知不全面,遵守这些规范的意识较为薄弱。尽管国内已有相关规定作为行为规范,但在科研过程中仍存在一些模糊地带,部分科研人员并未树立正确的科技伦理理念,就难以形成遵守伦理规范的意识。

(三)存在过度追求工具理性的逐利思维

尽管今天的机器深度学习和人工智能的快速发展相比过去的蒸汽革命、工业革命时代有诸多不同,但马克思主义关于科技发展对人的异化影响理论仍然具有适用性。[①]在追求工具理性的逐利思维影响下,科研人员可能会更倾向于选择那些具有更高经济利益或商业潜力的研究方向,更加注重能够带来资金支持、专利申请或商业合作的项目,而忽视了一些基础研究或社会关切的问题。甚至有些人可能会选择性地报告或操纵数据,以符合他们本来的预期或个人利益。这种逐利思维的体现,严重损害了科研的公正性和学术的可信度。

现代科技作为推动社会生产力迅速发展的强大引擎,应该注意避免让它成为工具理性完全取代价值理性的诱因。应该坚持工具理性和价值理性的统一,而不是让工具理性主导和奴役人们的思维。那些缺乏价值理性的人往往只追求单一的利益,而忽视了利益之外的价值追求。因此,人们需要认识到科研的价值不仅仅在于经济利益,还在于对社会和人类进步的贡献,以及对学术规范和道德的遵守。只有坚持价值理性和工具理性的统一,人们才能更好地发挥科技的潜力,为社会带来更广泛的益处。

---

① 参见:丁金涛.人工智能时代下科技伦理问题研究:基于马克思主义哲学观点[J].文化创新比较研究,2019,3(25):46-47.

四、科技伦理立法面临三重困难

科技的快速发展使得科技伦理问题日益复杂和多样化,但立法的过程相对缓慢,这使得科技伦理领域相关法律法规滞后于科技的发展。目前,在科技伦理立法上仍然面临着全局指导意识下的科技伦理上位立法尚未开展、不同领域的科技伦理立法差距较大、科技伦理法律条文技术性和可操作性不够等三大难题。

(一)全局指导意识下的科技伦理上位立法尚未开展

虽然国务院、国家卫生健康委员会、国家药品监督管理局等相关部门发布了一些规章和办法,在实践中逐步完善了较为成熟的科技伦理审查制度,但这些规章和办法主要限于生物医学领域。现行的科技伦理立法主要以零散的规范性法律文件为主,效力低、内容分散、质量参差不齐,缺乏相互之间的协调和配合,整体上未能形成制度合力。面对现代科学技术领域的高速扩张,科技伦理自律频繁失灵,宏观层面具有全局指导意识的科技伦理上位立法是必要的。当前的"头疼医头,脚疼医脚"的对症下药方法,更适用于效力层级较低的专项领域立法。

(二)不同领域的科技伦理立法差距较大

在科技伦理法治化过程中,不同科学领域的科技伦理立法存在差距。即使在相同的科学领域,科技伦理的法治化程度也有所不同。现行有效、层级普遍不高的专项法中,科技伦理立法多集中于生物医学科学及其部分下属领域。某些科技领域,如传统化工领域和人文社会科学领域的伦理规范较少,科学技术不同领域之间的伦理法治化差异明显。此外,不同的科技伦理的法治化程度也存在差异。譬如,在尊重原则下,对受试者、受试动物、自然生态和科学本身的尊重,在实践中对受试者的知情同意权、隐私权、自愿性的保护等规定更频繁地出现在法律条文中,并且不断得到完善。而RRI(Responsible Research and Innovation)原则强调各环节的受益责任承担,但在实践中主要关注科学家等常见主体的法律责任,缺少对其他主体责任及社会、环境责任的规定。相比之下,公正原则和RRI原则在法律法规中出现的频率较低,因此不同科技伦理之间的法律转化程度存在明显差距。

(三)科技伦理法律条文技术性和可操作性不足

科技伦理通常直接载入法律条文中,但相对缺乏技术性和可操作性。譬如,《人体器官捐献和移植条例》对知情同意和信息保密的规定较为简略,对科技伦理原则等内容的规定也较为笼统,多为直接字面表达。譬如,第十七条中提到"获取遗体器官前,负责遗体器官获取的部门应当向其所在医疗机构的人体器官移植伦理委员会提出获取遗体器官审查申请",但未详细说明审查的具体流程和标准;第十九条规定"获取遗体器官,应当在依法判定遗体器官捐献人死亡后进行",但对如何判定死亡及判定的具体程序未作详细说明;第三十条规定"医疗机构及其医务人员从事人体器官获取、移植,应当遵守伦理原则和相关技术临床应用管理规范",但未明确具体的伦理原则和技术规范内容。虽然我国早在20世纪初已认识到科技伦理的重要性,但在现有相关法律法规中融入科技伦理的过程仍显得较为原则化。

五、科技伦理治理社会氛围不足

科技伦理治理离不开社会公众的理解、支持与配合。科技伦理治理社会氛围的形成,对于科技的健康发展和社会的可持续发展至关重要,它能够引导科技人员和政府决策者在科技发展和成果应用过程中更加注重伦理考量,避免伦理风险和道德困境的出现,促进科技与社会价值的和谐共生。在科技伦理治理中,公众是一个强大的社会因素,公众的支持是推动科技持续健康发展的强大动力,而违背公众利益的科研会引起反对,成为科技发展的强大阻碍。正如著名科学家拉宾诺维奇所言:"只有公众了解核子学的发展隐含着可能的灾难,必要的道德发展才能防止滥用核能,因此公众就会给予要求防止危险的决定以支持。"[①]因此,应该深刻地认识到,科学家和广大公众之间的隔阂不仅使科学家的正当呼声得不到民众的回应,当部分科学家对技术的滥用及其造成的负面影响不愿承担责任时,民众甚至会产生敌对情绪。

---

① 刘素民.科学研究的"禁区"与"绿色通道"[J].科学技术与辩证法,2001(1):65-68.

当前,国内公众对于科技伦理问题的关注度相对较低。科技伦理问题涉及公众的权益和价值观,但大部分公众更多关注科技的便利性和创新性,对于科技伦理问题的认知和关注度不够,缺乏对伦理问题的深入思考和讨论。同时,科技伦理教育和宣传在国内的普及程度相对较低。大部分群众对科技伦理的知识和原则了解有限,缺乏对伦理问题的正确理解和判断能力。此外,科技伦理治理需要社会各界的共同参与和支持,但目前缺乏一个广泛的参与平台和科技伦理治理的共识。各方对于伦理问题的认知和态度存在差异,缺乏有效的交流和协商机制,导致科技伦理治理的效果受到限制。

六、科技伦理治理共同体未形成

当前,我国政府在科技伦理治理体系中起着主导作用。为了促进科学技术的发展,政府需要在宏观层面进行调控,如决定科研投入的力度、科研成果应用领域的扩展或缩减等。然而,过多的政府干预可能会抑制创新潜力的发挥,这是一种不科学的做法。与此同时,政府还须控制和监督科技活动各环节的科技伦理失范现象,防止它失控并对人类产生危害,进而建立完善的科技伦理法治治理体系。同时,要避免监管力度过大导致不必要的恐慌。不过,目前存在的问题是政府常常缺位,体制内的自纠机制不完善,体制外的监管机制缺失,相关行政和司法部门的责任承担问题需要引起重视。

中国科学技术协会作为承担行业自律职能的科技共同体组织,于2007年发布了《科技工作者科学道德规范(试行)》,2009年进一步印发了《学会科学道德规范(试行)》,明确了学会的监督责任;2019年又组织编写了《科技期刊出版伦理规范》,在其能力范围内进行了自律规范的尝试。譬如,《科技工作者科学道德规范(试行)》第六条规定,科技人员需尊重研究对象,在人体实验中必须保护受试者的合法权益、隐私以及知情同意权,体现了尊重原则的内涵。第十六条明确提出,须抵制一切违反科学道德的研究,如果发现工作中存在弊端,应自觉暂缓、调整甚至终止,并告知主管部门。这些规定与联合国教科文组织的相关文件精神有相通之处。尽管这些道德规范详细地规定了科技伦理的基本内容,但由于年代久远,新理论及对策未能及时加入,实用性有所降低。

高等教育机构作为科学研究的另一大阵营,承担着培养和管理青年科技人才的职责。高校的纪律处分规定通常包括反对抄袭、篡改和伪造等学术不端行为的条款。譬如,在翟某某学术不端事件曝光后,北京电影学院撤销了其博士学位,北京大学光华管理学院对他进行了退站处理。高校的相关实验室管理规定对科研人员的一些基本行为作出规范和处罚,但涉及科技伦理的规定较少。譬如,规定"不得违规饲育、管理、检疫、处置实验动物"体现了科研人员应敬畏生命的科技伦理要求。然而,在现实中,实验动物的程序管理往往不合规,有资质的实验单位未能做到程序规范,而无资质的实验单位则变相开展动物实验。尽管近年来国内在科技伦理教育方面取得了重大进展,将工程伦理作为工程专业硕士的必修课,但大多数高校仍面临师资匮乏、课程模式不佳和教育效果不显著等问题。政府部门和事业单位在监管上的乏力,除了上述因素外,还因其授权有限,无法制定罚则,约束力较小。

综上所述,科技伦理治理涉及多个部门和利益相关方,需要各方之间的合作和协调。然而,目前缺乏一个跨部门的合作机制和协调平台,政府、科研院所与协会之间的沟通和协作不够密切。此外,有效的科技伦理治理信息共享和交流机制仍有待建立,共同的科技伦理治理目标和价值观还未形成,导致各方对伦理问题的认知和理解存在差异,科技伦理共同体还有待形成。

第二节　科技伦理治理体制机制问题的成因挖掘

科学技术的发展必然会引发新的伦理问题,而解决这些伦理问题的关键是找出伦理问题产生的深层原因,这对于改进和完善科技伦理治理体制和机制具有重要意义。它有助于识别问题根源,提高治理效果,预防和应对风险,推动科技伦理治理体制机制的建设与发展。总体而言,科技伦理治理体制机制存在问题的原因可以归结为六个方面。

一、伦理价值的边缘化

按照哈贝马斯"生活世界殖民化"的解释,物质商业化和政治权力正在入侵与销蚀"生活世界",即现代社会的科技发展和经济利益追求已经导致生活世界的殖民化。换句话说,科技和经济的逻辑主导了社会生活的方方面面,而使人们忽视了人类价值、道德和伦理等方面的考量。

在中国的改革开放和现代化进程中,受西方拜金主义和个人主义思想的影响,社会上出现了一系列物质商业化的现象。同时,由于制度存在漏洞,监督和制约机制不够完善,缺乏明确的法律法规来规范科技研究和应用中的伦理问题,政治权力对"生活世界"的入侵与销蚀问题也开始显现。在这样的背景下,科技工作者和主导科技研发项目的资金赞助者作为社会大系统中的一部分,也不可避免地受到这些因素的影响,导致科技伦理问题频繁出现。

一般而言,新技术的研发到应用会经过经济可行性的筛选,这个过程主要由市场来完成。市场是推动当代技术进步的重要力量。在经营活动和科技活动的相互作用中,市场主体选择何种技术主要是基于自身利益的需求。这种选择机制,一方面使市场主体能够对技术进行伦理评价,起到优胜劣汰的作用;另一方面,由于市场主体的利益在市场供求关系中存在对立,对技术的伦理评价也因此各不相同。这种差异进一步影响了市场主体在技术创新、新技术应用领域及其应用方式上的不同决策,从而导致科技伦理面临困境。

这些困境的主要原因在于,科技发展受到利益驱动,导致科技伦理问题被边缘化和忽视。人们对科技伦理的需求是多样的,不同的市场主体对科技伦理有不同的理解,这些理解甚至可能存在质的差异。当代科学技术的发展无法摆脱对市场的依赖,同时也需要超越市场主体的利益对立性,这是市场本身无法解决的问题。

二、工具理性下的利益导向

马克斯·韦伯在研究社会行动时,将其分为四种类型,即工具理性行动、价值取向性行动、情感行动和传统性行动。在中国现代化进程中,韦伯所提到的行动的理性化表现为从各种非目的理性行动向以目的理性行动为主转变,即"工具理性"的倾向。人们的行为准则往往以是否能为自己带来经济利益为标准。这种世俗化导致了工具理性的膨胀和个体价值的混乱。

中国社会正处于快速发展的动态过程中,这意味着社会成员所熟悉的社会环境在不断变化。在这个转变过程中,大量新事物、新观念、新的行为规范和新的规则不断涌现。人们对这些新事物的认同需要一个适应过程,在这一过程中,新旧价值观之间的冲突可能会导致社会失范现象出现。当旧的价值观不再适用于当前情况,而新的主流价值观尚未形成时,人们可能会迷失于应遵循何种社会规范,导致个人价值观的混乱。在科学界,一段时期内大量违背科技伦理行为的出现,很大程度上是由于人们对名利的不当追求以及科学社会规范执行机制的乏力,同时也受到名望、地位、权势等社会因素的影响。

三、科技发展的不确定性及科技异化

科学技术发展的不确定性是指科学和技术领域中存在的无法准确预测或确定的因素和情况。这种不确定性可以从两个角度来理解。其一,科学研究本身具有不确定性。科学家在进行研究时,往往面临未知的变量和随机性,无法准确预测实验结果或理论的发展方向。科学研究是一个不断探索未知的过程,其中可能出现新的发现、新的问题和新的解释。这种不确定性要求科学家保持开放的思维和灵活的适应能力,以应对科学研究中的不确定性。其二,科技发展的不确定性也来自它对社会产生的影响。科技的应用领域和应用效果往往超出最初的设想,可能对经济、环境、伦理等方面产生深远影响。然而,这些影响往往难以准确预测,因为社会是一个复杂而动态的系统,受到多种因素的影响。科技的引入可能带来积极的变革,但也可能带来负面的影响和风险。传统的伦理准则甚至传统的伦理评价方式在现代科技发展的不确定性面前变得模糊不清。因此,人们需要寻找新的伦理框架和评价方式,以适应现代科技发展的不确定性,并为科技伦理困境提供更有效的解决方案。

所谓科技异化,学术界有两种相近的观点。第一种观点认为,科技异化是指科技作为人的创造物,转变为一种统治人、压抑人的异己力量,科技不仅不再"为我"所用,反而成为"反我"的力量;第二种观点认为,科技异化是指按照人的愿望

形成的技术的体系,一旦存在也就具有了自主性,而且在一定情况下开始违背人的意志,变成反对人的力量。①在当今社会里,科学技术的快速发展虽然带来了日新月异的变化,但也暴露出一些负面效应。这些负面效应使得科技的异化现象逐渐显现并愈加严重。科技的异化现象直接导致科技与伦理的疏离,以及理性与价值的分裂。

四、人的道德观念的制约

科学技术活动的主体是人类,人的因素在科学技术发展的各个方面发挥着关键作用。真正的科学技术是人类认识自然和社会、改造自然和社会的有益工具,旨在造福人类。然而,科学技术可能与伦理产生冲突,往往是因为人们不适当地将科学技术成果应用于人类社会和与人类生存息息相关的自然界。换句话而言,科学技术与道德之间的矛盾,实际上是应用科学技术成果的人自身的伦理精神问题。在创新性研究科学技术时,应思考其根本目的是造福整个人类还是仅仅为了少数人的私利,是推动社会进步还是可能阻碍社会进步,甚至危害人类安全。

同时,也需要考虑如何恰当地应用科技成果,是否将社会效益放在首位,以确保科技的应用对社会产生积极影响。这些问题的答案将影响科技伦理治理体制机制的方向。因此,科技伦理的困境实际上受到人们道德观念的影响。科技伦理问题与从事科研活动人员的伦理精神密切相关。科学技术的研究和应用在目的和手段上都蕴含着价值和伦理特征,因此,科技伦理实际上是科学技术工作者和经营者的社会伦理责任问题。

五、私人利益与公共利益的分裂

每个人都有自身的个人利益,同时也需要与他人建立社会关系,以实现自身的生存和发展。因此,公共利益是客观存在的,涵盖了不同范围和程度的利益。

① 参见:牛庆燕.现代科技的异化难题与科技人化的伦理应对[J].南京林业大学学报(人文社会科学版),2012,12(1):12-17.

私人利益不一定与公共利益对立,两者之间可以是相互促进的关系。私人利益是个体追求自身利益时的表现,强调个体的权益和自主性,但这些利益需要在一定范围内受到限制,以保证不损害他人的权益和社会的整体利益。公共利益则是社会的共同利益,涉及社会的整体福祉、稳定和发展。公共利益的实现需要个体之间的合作和共同努力,以满足社会的共同需求和利益。

尽管私人利益和公共利益在某些情况下可能存在冲突,但并不意味着它们必然对立。实际上,通过合理的利益协调和权衡,私人利益可以与公共利益达到平衡,从而实现社会的可持续发展和公正。

私人利益与公共利益的分裂导致了对特定科技活动的伦理评价产生差异,甚至使得人们无法作出相应的伦理判断。在讨论当代科技伦理治理困境时,需要认识到,价值观多元化源于现实利益的多样化。关键问题在于选择的目的,而不是所选择的技术工具。在私人利益与公共利益分裂的情况下,每个现实利益主体在应用技术工具时,往往首先考虑的是自身的私人利益而非公共利益,甚至在私人利益受到根本威胁时,可能会放弃公共利益。

六、科技伦理教育的缺位

科技伦理教育的缺位是指国内的教育体系普遍在科技伦理的教育和培养方面存在不足。科技伦理教育是指通过教育和培训,向科技从业者、学生和公众传授科技伦理知识、价值观和决策能力,以引导他们在科技发展和应用中作出正确的伦理选择。

科技伦理教育的不足体现在多个方面。首先,高校对科技伦理意识培养的重视不够。大部分高校并未意识到科技发展对学生伦理道德会产生何种影响,从而忽视了对大学生的科技伦理教育,在课堂上仅注重科学技术知识和原理的传授,而忽视更为重要的科技伦理道德和人文素养的培养。其次,科技伦理教育的内容空洞乏味,缺乏深度。尽管部分高校开设了伦理学或科技伦理教育等相关课程,但是授课的内容过于宽泛,与教学目标不匹配,缺乏针对性,教师配备和教学条件也不相符。有些高校甚至只是将科技伦理教育内容作为相关科目的附属,这样的条件下无法达到提高学生科技责任意识的效果。最后,缺乏专门从事科技伦理教育的教师队伍。由于国内科技伦理教育起步较晚,缺乏专业的教师队伍,许多教师自身科技伦理知识都来自自学,所掌握的科技伦理知识也不够系统和完整,无法在对学生进行科技伦理教育时发挥良好的示范作用。因此,需要加强对高校科技伦理教育的重视程度,提升教师的科技伦理教育水平,构建全面的科技伦理教育体系,以培养具备科技伦理意识和能力的人才。为此,需要进行大学生科技伦理教育,引导大学生树立正确的科技伦理观念,规范大学生的科技行为,提升大学生的科学素质。这样不仅有助于培养具备科技伦理意识和能力的人才,也有助于应对科技发展中可能出现的伦理问题,推动科技与伦理的良性互动。

第三节　本章小结

总体上,科技伦理治理体制机制主要存在六个方面的问题。其一,科技伦理治理对象的复杂性。科技伦理治理通常面临着治理对象的不确定性与治理原则不统一两大方面的问题,使得科技伦理在实际的治理过程中充满了复杂性和模糊性。其二,治理机制有待完善。主要体现为科技伦理治理的个人信息保护机制不健全,伦理咨询与审查机制有所欠缺。其三,治理意识仍需增强。就国内科研界现状而言,仍存在着对新兴科技伦理治理的重要性认识不足、遵守科研伦理规范的意识不强、存在过度追求工具理性的逐利思维等问题。其四,立法面临多重困难。在科技伦理立法上,仍然面临全局指导意识下的科技伦理上位立法尚未开展、不同领域的科技伦理立法差距较大、科技伦理法律条文技术性和可操作性不足等三大难题。其五,社会环境氛围不足。主要体现在公众对科技伦理问题的关注度不高、缺乏科技伦理教育和宣传以及缺乏科技伦理治理的参与和共识三个方面。其六,治理共同体未形成。政府、中国科学技术协会以及高等院校在科技伦理治理中协同治理的合力较弱,缺乏有效的沟通、协调以及合作机制。

上述问题背后的成因是复杂多样的。一是伦理价值的边缘化,主要是指科技和经济的逻辑主导社会生活的方方面面,而忽视了人类价值、道德和伦理等方面的考量;二是工具理性下的利益导向,违背科技伦理行为是由于对名利的不当追求的主观动机;三是科学技术发展的不确定性与科技异化,传统的伦理规范在现代科技发展的不确定性面前变得模糊不清;四是人的道德观念的制约,科技伦理问题与从事科研活动人员的伦理精神密切相关;五是私人利益与公共利益的分裂,私人利益和公共利益在某些情况下可能存在冲突;六是科技伦理教育的缺位,我国教育体系对科技伦理的教育和培养存在不足。科技伦理治理涉及复杂的技术、伦理和社会问题,有些领域需要跨学科的综合研究和协调,在一定程度上增加了科技伦理治理的难度。

第五章

健全科技伦理治理体制的框架构建

　　科学技术支撑和引领人类社会的未来发展。科技伦理作为开展科学研究、技术开发等科技活动需要遵循的价值理念和行为规范，是促进科技事业健康发展的重要保障。2022年3月，中共中央办公厅、国务院办公厅印发的《意见》指出："提升科技伦理治理能力，有效防控科技伦理风险，不断推动科技向善、造福人类。"[①]当前，虽然科技创新快速发展，但是其面临的科技伦理挑战日益增多，譬如，科技伦理治理仍存在体制机制不健全、制度不完善、领域发展不均衡等问题，这些问题已难以适应科技创新发展的现实需要。研究未来一段时期内科技伦理治理的体制框架问题，最终是要为科技伦理治理提供研究支撑及落脚点。未来的科技伦理治理中的核心问题是：哪些主体负责或者参与科技伦理治理？各自的职责主要有哪些？本章研究的主要目的在于构建科技伦理治理体制框架，明确科技伦理治理的多元主体职责。一个清晰的事实是，若要治理好科技领域的伦理问题，亟须充分发挥政府、科技创新主体、社会团体及科技人员等主体的职责作用。

第一节　健全科技伦理治理体制的总体要求

《意见》的总体要求中提出："加快构建中国特色科技伦理体系,健全多方参与、协同共治的科技伦理治理体制机制,坚持促进创新与防范风险相统一、制度规范与自我约束相结合,强化底线思维和风险意识,建立完善符合我国国情、与国际接轨的科技伦理制度,塑造科技向善的文化理念和保障机制,努力实现科技创新高质量发展与高水平安全良性互动,促进我国科技事业健康发展,为增进人类福祉、推动构建人类命运共同体提供有力科技支撑。"一方面,通过完善政府科技伦理管理体制和压实创新主体科技伦理管理主体责任等构建科技伦理治理体制,健全科技伦理治理制度,进而强化科技伦理审查和监管。另一方面,通过伦理先行、敏捷治理等基本要求和发挥科技类社会团体的伦理自律功能,引导科技人员自觉遵守科技伦理要求等制度设计,为科技创新构建起伦理着陆机制。

一、着力构建多方参与、协同共治的总格局

现代科学技术迅速发展,其带来的伦理问题日益复杂,涉及国家、政府、社会团体和个人等各个利益相关方。要使科技伦理治理有效,必须有多个主体共同参与。多元主体的参与旨在构建协作秩序,维持并强化科技伦理治理的共同体。我国的科技伦理治理不应仅依赖政府主导,而应通过多方利益相关者的共同参与来实现。具体而言,科技伦理的多主体治理模式不仅包括政府,还涵盖了中央和地方科技部门、科技部门派生的实体机构、非政府组织、企业以及公民个人。这些多元主体的介入打破了传统的行政管理机制,使得科技伦理治理模式从传统的"行政主体—行政相对人"模式,转变为"政府—科研机构—社会群体"合作协商的多元主体共同参与模式。在这一框架下,多主体基于各自的利益诉求,能够更好地发挥积极的主观能动性,共同参与科技伦理治理。同时,各主体的共同参与和监督不仅保障了各群体的权益,也通过协商沟通程序解决不同主体之间的利益冲突,从而实现社会公共利益的最大化。这种多元协商的模式有效克服了传统规制模式的内在缺陷。

(一)政府部门主导

政府部门持续推动和完善科技伦理治理体系,确保法治保障与监管有效地实施。[①]一是建立与科技伦理治理相关的规范化管理体系,包括健全以国家科技伦理委员会等为中心的科技伦理治理体系。将科技伦理的指导原则落实到具体的监督管理制度和措施中,构建并完善监督和治理机制,落实相关的政策和措施。健全监管机制,以国家科技伦理委员会等机构为核心,建立合适的科技伦理监管机构。二是加强科学技术伦理规范。在立法层面,应完善科技道德规范体系,使科技伦理政策的制定和实施有法可依;建立科学的科学伦理监督制度,使科学伦理监督制度贯穿科学研究的全过程。要把法律保障和监督措施落实到具体的机构与个人,形成理论完善、法律完善、机制健全、实施到位的科技伦理治理体系格局。三是构建具有伦理敏感性的灵活管理系统。对于技术伦理问题的修改与变更,可以在道德层次上做出快速的反应。在立法的基础上,对科技研发过程中出现的一些伦理问题,进行个案审核,保证全程公开可查。根据实际需要,在科研过程中对伦理问题进行灵活处理,在法律框架下,做到特殊情况下的特殊应对。在必要的时间与场合,可以公开地讨论科研工作中存在的伦理风险,并依据有关意见,对其进行恰当的解释说明、辩护或干预,从而降低突发违反科技伦理准则的事件而引起的强烈的舆论反响。

(二)科研机构推动

科研机构是从事科学研究工作的长期、有组织的机构,具有明确的科研方向与任务,其科研人员的数量与质量均已达到一定水平,具备进行科研工作的基础条件。科研机构既是科技创造与应用的主体,又是国家科技伦理治理系统中的基础一环。对科研机构内部开展的各项研究活动的合规性进行伦理审查与监督,既能保障科学研究的自由与发展,又能推动技术的升级与进步,同时也能更好地保障科技伦理安全。一项科学技术在开始实施之前,必须得到科学界包括各类科技类社会团体组织和科研人员的认可,而且其研究成果还需要经过同行评审,才能在期刊上公开发表。而对于科学技术的特点、可能存在的危害性等信息,科研机

---

① 参见:李建军.如何强化科技伦理治理的制度支撑[J].国家治理,2021(42):33-37.

构及其科研人员是非常熟悉的,因此,需要科研机构参与治理、互相监督,从而有效地开展科技伦理治理。科研机构要加强对学术不端行为的监管,提高学术不端信息的透明度;科研工作者应以科研伦理为依据,强化科研伦理与学术操守,规范科研成果的采集与保存,保证其科研行为的可行性与规范化。

(三)社会力量参与

以社会团体、公众个人为主体的社会力量,作为科技活动的最终受益者或受损者,他们有权在自己的知识范围内表达自己的观点,并参与到科技伦理治理的整个过程中,同时还可以提出自己实质的期望与要求,来维护自己的权益。在科技伦理治理的过程中,融入公众对科技风险的认知、评估和感受,优化公众参与科技伦理治理的社会动员机制,积极构建公众参与的平台,开放公众参与的渠道,全过程、全方位地让其参与科技伦理治理。在赋予公众对科技伦理治理权利的同时,也要提高公众参与科技伦理治理的能力与水平。公众应具有正确辨别专家言论与科学团体舆论的能力,这是公众在科技伦理治理过程中与专家进行理性对话、理性思考的关键。科技的传播与运用过程中所产生的种种风险,关系到每个人的切身利益,因此,要加强科技伦理治理的开放性和透明度,扩大社会力量参与的范围,对社会力量参与的方式进行全面升级,使社会公众的才能与智慧得到最大程度的发挥。

二、坚持动态、科学、法治的治理

治理不是一套规则条例,也不是一种活动,而是一个动态过程。科技伦理治理既是一个复杂的动态过程,又是一个长期的动态过程。科技伦理治理本身就是一个动态化、科学化、法治化的过程,其中蕴含了诸多不确定因素,对推动科技伦理治理提出了新的要求。

(一)科技伦理治理过程动态化

健全科技伦理治理体制是一个循序渐进的过程,需要不断更新理念、创新模式和变革机制。新兴科技的发展带来了新的伦理治理需求,要使伦理治理体制机制切实有效,必须结合具体情境分析机制设置的影响因素。譬如,在转基因技术、细胞研究、神经科学、信息通信技术(ICT)植入物以及基因编辑技术等领域,生命科学中存在显著的伦理问题。这要求人们充分认识到不同领域的伦理问题及其治理方式的差异,并发展适用于各关键领域的科技伦理治理框架。尽管科技的本质是为人类服务,但其产出的成果,特别是高新技术的应用,可能带来隐蔽性、滞后性、协同性、累积性和连带性的环境污染问题。因此,在科技创新和成果推广应用中,各主体必须充分考虑环境因素。科技伦理治理应采取动态、不断更新和具体的方式,以适应不断变化的科技环境和伦理挑战。

(二)科技伦理治理观念科学化

在科技伦理治理中,决策的基础应建立在科学研究和实验得出的实际结论之上,而不是依靠主观的直觉、想象或推测来应对新兴科技领域的伦理争议。面对科技伦理问题中的多种观点和多样化的治理方式,科学态度显得尤为重要。坚持实事求是的原则,有助于全面、准确地分析科技伦理问题,并为采取针对性的治理措施奠定基础。随着科技的迅猛发展,一些伦理问题逐渐对人类的生存与发展构成威胁,因此,有必要树立科学的伦理治理观念。一是各类科技活动的参与者应严格遵守职业操守,尊重事实,诚实地进行科学探索,并认真履行其职责。科技从业者必须关心科技成果可能带来的后果,勇于承担相应的社会责任。二是科技活动应注重资源的节约和合理使用。自然资源如森林、河流、大气,以及能源资源如电力、石油、煤炭等,都是有限且宝贵的。科技活动必须在遵守道义的基础上使用和分配这些资源,并承担起生态修复、环境整治、清洁生产、减少污染和保护自然的义务。三是科技活动者应自觉地维护正义。在进行科学研究和技术应用时,必须遵循国际和国内公认的伦理准则。对于技术进步可能对人类产生的积极和消极影响,科技从业者应保持高度的关注和警惕。尤其是对于可能带来的负面影响,应尽量减少甚至避免其发生。科技成果的应用应致力于推动正义事业,为人类福祉作出贡献。科学的伦理治理观念不仅要求科技发展的每一步都保持科学严谨的态度,还需要积极考虑并应对伦理挑战,确保科技的发展真正服务于全人类的利益。

(三)科技伦理治理方式法治化

中央全面深化改革委员会第九次会议审议通过了《国家科技伦理委员会组建方案》,会议指出,科技伦理是科技活动必须遵守的价值准则,要抓紧完善制度规范,健全治理机制,强化伦理监管,细化相关法律法规和伦理审查规则,规范各类科学研究活动。对于新兴技术的伦理治理,从技术哲学的角度看,科学技术本身不具有伦理属性,科技活动涉及的相关主体也不具有道德意义上的“善”。因此,在科技进步与社会创新之间需要一个缓冲地带。在此意义上,科技伦理是指科学技术活动中所应遵循的基本价值理念和行为规范。它是人们的科学精神与人文精神相结合而形成的一种价值共识与价值目标,也是人们在科技活动中必须遵守的行为准则和行为规范。因此,从科技发展的角度而言,新兴技术的伦理治理既包含了技术本身所固有的内在属性和规律,也包括了技术在发展过程中与其他社会因素之间所形成的互动关系和相互作用。在规范社会与技术之间的关系中,基于私领域市场调节功能的民法手段、基于刑事处罚的刑法手段、基于行政管制的行政法手段是通常采用的法治化治理方式。

三、围绕“科技向善”系统推进新理念

在人类社会的发展过程中,科技创新和发展的本意是为了促进社会进步、实现国家富强、增进人类福祉。但是,随着人工智能、基因编辑、合成生物、纳米、大数据分析等一系列前沿技术的出现,科技发展与伦理选择之间的矛盾和冲突日益明显。在新时代,科技伦理治理已经成为科技创新体系建设中的一个重要环节,对于防范科技领域伦理风险、推动科技事业健康发展具有重要的现实意义。在推进国家治理体系和治理能力现代化的进程中,推动科技创新健康发展,要在科技伦理治理的系统思维中,将尊重人的生命权、人格尊严等作为科技活动的底线价值,同时坚持并弘扬以人为本、以人民为中心的基本思想,让科技朝着更好的方向发展。

“向善”既是一个人在做与不做之间的抉择,又是一个人社会责任的表现,而“科技向善”包含了浓厚的人文关怀与生态情感,其目的是提倡利用科学技术,把

人的善的本性发挥到最大,实现人与自然、人与社会、人与人之间的和谐共处。"科技向善"是当今科技环境中对科技创新提出的一项重要道德要求,也是风险社会中每个人都应该遵循的道德规范。在"科技向善"的背景下,对科技的伦理思考,主要集中在一项技术能否为人类带来利益,能否促进人与自然、社会的和谐发展上,因此,"应做什么"与"能做什么",是人们无法回避的两个问题。

(一)增进人类福祉

社会的不断前进、时代的发展进步、国家的富强兴盛离不开人的付出与努力,人作为社会存在的重要主体,在社会发展中占据着重要的地位。党的二十大报告指出:"为民造福是立党为公、执政为民的本质要求。必须坚持在发展中保障和改善民生,鼓励共同奋斗创造美好生活,不断实现人民对美好生活的向往。"①科技发展应将增进人类福祉作为其根本目的,人应是技术的标尺,而非技术的奴隶。科技的创新不能只是追求利益最大化、商业化,与"以人为本"和"科学向善"的理念追求相违背。因此,在科技创新过程中,不能过分地将科技发展与商业利润捆绑在一起,而应该从人文关怀的视角出发,尽量减少科技创新过程中对于人、环境造成的危害,提高人的生存质量与增进人类福祉,最大限度地提高人与环境的效益,这也是"善"的境界。

(二)尊重生命

纵观我国科学技术的发展历程,其核心是"以人为本",先决条件是"尊重生命"和"爱惜生命"。譬如,在进行科学临床试验研究的时候,要以知情同意为伦理准则,尊重人的自主权和知情权。在看到生命的外在价值的同时,也要尊重生命的内在价值,要对科学试验持严肃的态度,杜绝科研人员做出违反科研诚信的行为,避免损害被试者、消费者的身心健康或利益,反对将人视为仅有外在价值或工具性价值的存在。另外,对生命的尊重还包含了对个人隐私的保护。譬如,网络上的数据分享所呈现出的二重性,在推动信息传播与知识交叉的同时,也引发了公众对隐私泄露的担心,从而容易产生社会信任与安全的危机。总体上,科

---

① 高举中国特色社会主义伟大旗帜 为全面建设社会主义现代化国家而团结奋斗[N].人民日报,2022-10-17(2).

技发展应符合"善"的本质,而不是以生命为代价。一切以生命为代价、以人的利益为代价的科技发展,都不能称之为真正意义上的科技发展。

(三)公平正义

每一位公民在社会中都应拥有同等的权利,因此,开展科技创新必须以公平正义为出发点,公平正义也是人类追求更加美好生活的一个永恒话题。从"善"的观点来看,首先,需要实现"公平竞争"或者"机会公平",即在开展科技创新的过程中,需要做到公平,确保各层次、各领域的科研工作者都能够得到公平合理的对待。只有这样,才能保证科技资源得到充分合理的分配和使用,才能促进科技成果转化取得显著进步。其次,需要追寻"享有公正"。社会不同阶层之间的贫富差距过大,在一定程度上也造成了科技创新成果应用的不平等。一些商业化和商品化行为的存在,使得公众高度关注的科技创新成果无法充分发挥其作用,无法为社会不同阶层提供更多的机会,无法为人民创造更好的生产、生活条件,无法实现科学研究的公平正义价值,从而无法实现科学研究的良性发展。

(四)负责任的创新

在科技道德层面,科技创新应当是一种负责任的科技创新活动。不管科技成果有多新奇、多便利,它都必须是在一个可控的状态下,才能真正造福于大众、造福于人民,不然的话,就会给人类的生存和发展带来不可预知的风险和灾难。因此,要切实担负起创新责任,就必须从保障科学研究成果的可持续发展与社会道德的可接受性两个方面进行。譬如,在开展实验研究的时候,要尊重人与动物的主体性,对人与动物的安全、利益进行保护,对生命主体负责。与此同时,也要避免因科技创新而造成的环境破坏、生态侵蚀,需要对人类的生存环境负责。另外,在科技创新活动中,可能会出现一些难以预测的后果,因而科研人员必须对科技成果在未来的影响进行预测,如果出现了损害人类利益或环境破坏等情况,就可以实现问责和追责,并及时地将存在的问题和风险解决掉。前些年的"基因编辑婴儿"事件更是充分说明了一点,那就是科技创新应当是在正确价值追求的引导下进行,而不是无视科学共识和伦理准则、违反学术伦理的创新。

第二节　政府科技伦理管理体制

在中国特色体制下,以政府为主导的科技伦理治理模式具有制度上的优越性。《意见》提出:"完善政府科技伦理管理体制……各地方、相关行业主管部门按照职责权限和隶属关系具体负责本地方、本系统科技伦理治理工作。"[①]这其实就是构建"政府—创新主体—科技社会团体—科研工作者"的"四位一体"科技伦理治理体系。《意见》的颁布,标志着科技伦理治理的顶层设计已经基本完成,尤其是明确了国家科技伦理委员会指导和统筹协调推进全国科技伦理治理体系建设工作的主体职责。在科技伦理治理中,每一个主体都应该认真地履行自己的科技伦理监管责任,主动地研判、动态地管理本单位科技活动中存在的伦理风险,并及时地将潜在的伦理风险和非预期的重大事件化解掉。按照党中央和国务院的要求,及时、适当地明确科技伦理的多元治理主体职责,这将有助于构建一个全新、互动的科技伦理治理环境。

一、科技管理部门

科技管理部门在科技伦理治理活动中应履行引导、支持、激励等职责。通过不断完善科技管理的组织结构,制定完善的科技管理制度,以标准化的准则促进科技管理,营造良好的科技管理氛围。譬如,在科研项目立项时,需要研判项目负责单位是否具备一定的资质,对无资质、无能力的单位要从严审查;同时,也要对科技领域的财政拨款进行分析,以确保财政拨款在科技领域的实际支出处于一个合理的水平。

(一)科学技术部门

科学技术部门是指导科技管理人员树立正确的科技发展战略观念,通过制定一系列的制度规则,对科研项目立项、科研审批、科研监督、科研经费使用等工作进行管理的部门。科学技术部门应深入贯彻落实党中央关于科技创新工作的

---

① 关于加强科技伦理治理的意见[N].人民日报,2022-03-21(1).

政策方针、决策部署,在履行科技管理职责的过程中,坚持和加强党对科技创新工作的集中统一领导。国家层面的科技部门需要建立一个伦理审查与研究机构,即科技伦理委员会,各个省、自治区、直辖市及市县两级的科技部门也需要建立一个与之相对应的伦理审查与研究机构,对所有立项的科研项目开展经常性的伦理审查与研究工作。对于科技部门的管理者而言,他们必须具备广泛的科技知识储备,具有科技战略眼光,为人处世不偏不倚,道德高尚,敢于承担责任,具有较高的政治素养与一定的哲学素养。

从总体上,从中央到地方的科学技术部门的职责主要有以下几方面。一是加强工作部署,完善部门间、地方间的管理工作机制,明确任务分工,保障扎实推进。负责督导、考核科技计划的实施情况,包括对科技计划实施过程中的项目管理、经费管理、过程管理等进行整体协调;负责制订年度监督、考核工作计划方案,对科技计划实施绩效进行监督、评估,包括科技计划实施绩效、战略咨询与综合评审委员会以及专业机构的履职尽责等。二是强化高校、科研院所、医疗机构和企业等单位的科技管理责任,强化科技领域的伦理道德建设。三是加强行业自律,鼓励各类别、各领域的科学技术组织,如学会、协会及其他社会组织,积极参与科学技术伦理治理,指导科学技术工作者遵守科学技术道德准则,守住科学技术道德的底线。四是加大对科技伦理道德问题的宣传力度,增强全社会对科技伦理道德问题的认知及解决科技伦理道德问题的积极性和主动性。

(二)科技伦理委员会

科技伦理委员会的设立,旨在加强对科技伦理的统筹规范和指导协调,促进建立一个覆盖全面、导向明确、规范有序、协调一致的科技伦理治理体系。2019年7月,中央全面深化改革委员会第九次会议审议通过了《国家科技伦理委员会组建方案》。2022年3月23日,科技部召开《关于加强科技伦理治理的意见》新闻发布会,解答了科技伦理委员会的职能与定位,界定了科技伦理委员会成员的责任,同时提到了科技伦理审查、评价和监督机制。

根据《国家科技伦理委员会组建方案》的要求,我国已经先后成立人工智能、生命科学和医学三个子委员会,同时推动有关部门成立科技伦理专业委员会,指导各地工作结合实际需要建立或筹建地方科技伦理委员会。譬如,在人类和实验动物等领域,成立或筹备地方科技伦理委员会,并按规定报所在单位的科技伦理(审查)委员会进行审核,不具备设立科技伦理(审查)委员会条件的单位,可以委托其他单位的科技伦理(审查)委员会进行审核。科技伦理(审查)委员会要坚持科学、独立、公正、透明的原则,对科技活动中的科技伦理进行审查、监督与指导,真正把好科技伦理这一关。

科技伦理委员会主要承担全国范围内的科技伦理治理体系建设的指导、统筹、协调、推进等任务。它是科研项目审查活动的执行者,其重要作用毋庸置疑。通过立法保证科技伦理委员会的独立地位,能够降低来自各方面的压力和干扰,使它更好地发挥实际作用,实现对科研项目的审查。科技伦理委员会的建立和运行,可以通过对科技研发和科技成果使用的道德判断和伦理监督,将科技伦理治理变成一种有组织的、有规律的例行活动。总的来看,科技伦理委员会的职责定位需重点关注以下方面。

第一,切实发挥职能作用,促进科技伦理委员会的管理规范化与运作高效化,并通过法律手段保证科技伦理委员会的相对独立地位。科技伦理委员会是由科技部领导的,其各成员单位根据自身的职责定位,承担着科技伦理的规范制定、审查、监管以及宣传教育等任务。此外,各地方和行业主管部门要根据自身的职责权限和隶属关系,负责本地方和本行业、本系统领域内的科技伦理治理工作,需要确保其与所要评审的科研组无关,而且不能从研究中获得直接的经济利益或其他物质利益。

第二,加强德育工作,不断提升科技伦理委员会的德育水平。科技伦理委员会要加强科学技术的伦理道德教育,将基础的科技伦理道德知识及时传播给社会,同时回应相关利益方的意见,提出适当的科技伦理治理工作意见。除此之外,还需要相关的科技部门、研发人员和企业之间彼此配合,在科技项目研发、科技伦理知识传授过程中,不断地强化大学生的科技伦理道德教育,而科技伦理委员会可以在其中发挥一定的协调和指导作用。

第三,及时地对科技项目进行评审,并给出反馈意见,以反映科技项目应有的能力与效能。科技伦理委员会内的各专业伦理委员会应积极参与伦理治理,根据自身的专业领域范围,对科技伦理治理工作开展研讨;按照相关领域的法律、法规、政策和行业标准等,对相关科技项目进行伦理审核,以维护相关人员的利益。具体来说,科技伦理委员会应组织对科技项目进行伦理论证,对项目研究对象的资质、经历、实验方案是否符合科技伦理,实验可能存在的风险等问题进行分析和评估,提出"同意""暂缓""不批准"等伦理审查意见。

第四,优化成员结构,促使科技伦理委员会的代表构成多样化。一方面,在科技伦理委员会中,除了专家代表之外,还要有非专业人员、社会团体的代表,同时要综合考虑年龄、性别的分布情况。另一方面,科技伦理委员会的成员不能仅有科学家或者伦理学家,还应包括不同行业的人才代表,譬如科学、哲学、伦理学、技术、社会学、法律等领域的精英。

第五,强化科技伦理监督,促进科技伦理审查标准化。在科技项目的监督、指导方面,科技伦理委员会应对科技项目研究过程中的知情同意与保密、公正与公益、有利与不伤害,以及尊重生命、维护相关利益者权利和权益等诸多伦理学原则的执行情况展开监督,并在适当的时候给予必要的指导。如果发现有违背科研道德与伦理的行为,应当立即指出并向上级主管部门提出处理意见。同时,研究成果的伦理评估和有针对性的引导,也应经过科技伦理委员会的审查,在其确认无误之后,方可公开发表。在对科技伦理的检讨中,研究者须提出基金、赞助机构、团体会员、其他可能存在的利害关系、受试者之动机等相关信息;研究方案必须包括关于道德问题的陈述,并明确表明完全符合陈述中的原则。

二、相关行业主管部门

市场化的科技活动可能会带来一些伦理风险,更加需要相关行业主管部门的共同治理。这种方式能够打破以传统的科技管理部门为主体的制度体系,从而有助于构建一种高效协同的科技伦理治理体制机制。譬如,在市场机制中,市场主体注重对自身内部的收益和费用进行分析,从而实现自身利益的最大化。而道路、通信、交通、医疗、军事等公共设施不能完全依靠市场方式来完成,也不能完全依靠科技管理部门对科技活动的相关领域进行规范管理。这就要求不同的相关行业主管部门,以科技管理计划与自身职能为依据,整合相关的科技创新资源开展研究工作,对承担科技计划、科研项目的责任单位进行日常建设、管理和监督,充分发挥它们在相关领域的科技计划和项目研发质量、成果转化应用以及绩效目标实现等绩效评估中的重要作用。

　　建立一个多部门参与的科技伦理治理体系,能够帮助各个参与部门从自身的行业领域入手,找到科技创新面临的迫切需要解决的伦理瓶颈问题,提高政府有关部门参与科技伦理治理的积极性,从而提高科技伦理治理的效率和效力,强化科技伦理治理对经济社会发展和科技进步的积极作用。一是教育部门。在不同层次、类别的学生教育中,应把科技伦理教育作为一项重要的教育内容,健全科技伦理专业人才的培养体系,加快培育一大批通晓科技、通晓伦理、通情达理的综合型科技伦理专业人才。二是工信部门。统筹规范工业和信息化领域的科技伦理治理工作,并对它们作出指导与协调,健全工业和信息化领域科技伦理治理的制度规范,构建并完善工业和信息化领域科技伦理审查监督体系,调查处理工业与信息化领域内的重大科技伦理案件,研究工业和信息化领域的重大科技伦理问题,促进工业和信息化重点领域的科技伦理治理国际合作与交流。三是卫生健康部门。与涉及人的生命科学和医学研究实际相结合,不断优化组织结构与制度规范,提升卫生健康领域的科技伦理审查能力,加强对与卫生健康相关的科技伦理审查的监管工作。充分发挥医疗道德专业委员会、行业协会的作用,加强技术指导,发挥行业自律作用,强化科技伦理培训,将医学研究机构的主体责任进一步压实,通过采取若干措施提升科技伦理治理的工作能力和水平,同时将发展和安全结合起来,更好地推动医学科学的健康发展,更好地保护研究参与者的权益,使医学成果更好地为人民的生命健康和生命安全服务。四是市场监督管理部门。负责市场监管许可前的科技前置审查事务性工作,主要包括对生产许可、食品经营许可、药品零售许可及第三类医疗器械经营许可的相关申请材料开展技术审查和现场核查,并对审查工作的资料和档案进行管理,同时惩罚不合法运营的科技相关企业与商户。

　　但是,有关行业主管部门在干预市场主体的科技伦理活动时,具有一定的局限性。主要限制在于:行业主管部门对科技伦理介入的力度,不能超出积极介入的合理范围,要求控制好介入的力度,主要依据财政实力、科技主体实力有选择、有重点、有限制地采取干预措施,否则将会产生负面影响。同时,行业主管部门的管理介入,不能采用单一的、高度集中的、直接的方式,而是应该以效益原则为基础,以特定的科技领域特征为依据,应用多种灵活的方式,避免其与科技伦理活动规律相违背,不抑制科技伦理主体的活力。

第三节　科技创新主体伦理管理责任

在科技伦理治理体制中,众多类型的组织均会参与其中,譬如高等学校、科研机构、医疗卫生机构、企业以及不同专业领域的中介服务机构等,它们从不同领域、角度中直接或间接地参与科技伦理治理活动。《意见》指出:"高等学校、科研机构、医疗卫生机构、企业等是科技伦理违规行为单位内部调查处理的第一责任主体,应制定完善本单位调查处理相关规定,及时主动调查科技伦理违规行为,对情节严重的依法依规严肃追责问责;对单位及其负责人涉嫌科技伦理违规行为的,由上级主管部门调查处理。"《意见》要求各地方、相关行业主管部门要按照职责权限和隶属关系,加强对本地方、本系统科技伦理违规行为调查处理的指导和监督。由此可知,高等学校、科研机构、医疗卫生机构、企业作为科技创新主体,在科技伦理治理体制中肩负着重要的伦理管理责任。

一、高等学校

高等学校是培养科技创新人才的重要载体,也是参与科技伦理治理的重要主体。在高等学校内,科技人才资源高度集聚,科研与教学基础设施完备,学术研究氛围浓厚,加上多学科、多领域的交叉影响充分,因而更加有助于新思想、新知识、新技术的产生,有助于科技伦理准则共识的传播。尤其是在当今的知识经济时代,高等学校应充分发挥自身的人才优势、智力优势和技术优势,致力于培养高素质、具有创新精神的科技人才队伍,努力激发未来科技人才的积极性、主动性和创造性,形成一种友好的、包容的科技创新氛围,从而有助于科技伦理治理工作的开展。

　　高等学校作为科技创新的首要主体,在科技伦理治理中肩负着不可推卸的重任。高等学校处于科技创新的"高地",是科技人才的主要输出地,其需要将科技创新和科技伦理道德责任有机地结合起来,并在科技伦理治理、科技伦理专业人才培养、科技伦理规则意识和政策建议等方面发挥重要作用。同时,高等学校又是启迪科技智慧、探求科技真理的主要场所,担负着实现科技善治的神圣任务。因此,强化高等学校的科技伦理道德责任感,是关系到未来国家科技人才培养的重要议题。而高校毕业生是未来经济、社会、科技发展的骨干力量,不仅要有较高的专业知识、技术和能力,还应有极强的社会责任感、科技伦理道德意识,自觉担负起维护人类社会利益、公共利益的科技伦理责任。如果毕业大学生只是掌握其各自领域的前沿专业知识、先进科学技术,却不具备相应的社会责任感、科技伦理道德意识,那么其存在和发展都将是一种隐患,其危害性比一般人要大得多。具体来说,高等学校在科技伦理治理中的主体责任主要体现以下几个方面。

　　第一,树立正确的科技伦理教育观,重视科学知识与伦理道德教育的有机结合,强化高校师生的科研行为伦理观念。当前国内高等学校教育的现实是,存在一定程度上的思想道德修养教育与不同学科专业知识之间的割裂现象。授课教师在向学生讲授学科专业知识的时候,较少涉及与专业知识相关的伦理道德知识。而随着科学技术的高度发展、不断分化,各个学科领域均先后出现了它们特有的伦理道德问题,因而将科技伦理道德教育融入学科专业教学中,有利于推动科学技术和伦理道德的良性互动,能够对培养高校学生的人文素养起到积极的作用。面向高校学生开展系统性的科技伦理教育,使其认识到科技发展与人类社会发展之间的相互联系并逐步建立起为人类文明而服务的理念,在此基础上,使其自觉地遵循科技伦理道德准则。

　　第二,丰富科技伦理教学形式,创造良好的科技伦理治理环境。在教学形式上,以往传统的课堂讲授相对枯燥乏味,要求在教学内容上有所创新,尽力拓展科技伦理教学的广度与深度。一方面,改变传统的教学内容与方式,把科技伦理知识融入学科专业的课堂教学中,通过组织讨论、辩论等形式,加强学生对科技伦理相关知识的认知与理解。另一方面,充分发挥网络资源的优势,通过建设线上精品课程,开拓新的科技伦理知识传播渠道,弘扬求真务实的科学精神和积极向上的科技伦理文化。在遵循学术道德的基础上,秉持科研诚信态度,抵御社会的歪风。开展学术批评与辩论,保证不同学术观点的公开表达和充分讨论,营造平等争鸣、鼓励探索、宽容失败的科研氛围。

第三,优化科技伦理课程设置,奠定科技伦理治理的知识基础。课程设置主要分为理论课程和实践课程两大部分,在科技伦理治理的知识体系中发挥着不同的作用。一方面,在科技伦理治理相关的理论课程设置中,应结合当前科学发展的趋势与实际中存在的问题,将学科理论知识与科技伦理道德、科研规范、学术责任等方面的知识相融合。同时,可以将科学技术的发展史知识纳入不同的专业课程中,通过深化对科技史的学习,促使学生对所学专业知识的理论意义和应用价值有更加深入的认识,从而以更高的责任意识开展科研活动。另一方面,在科技伦理治理相关的实践课程设置中,增加科技伦理相关的实践活动。譬如,通过举办定期的校园科技文化节活动,在提升学生科研能力的同时,增强学生的科技伦理道德意识。

二、科研机构

科研机构是大量科学研究、技术开发资源的汇聚地,也是科技创新的重要主体、科技伦理治理的主要参与者。近年来,科研机构开始面向公众开放,使公众能够相对直观地了解科研成果,这在提升公众特别是青少年的科技知识兴趣方面发挥着不可替代的作用。[①]在《"十四五"国家科学技术普及发展规划》中,明确提出要推动科学普及与科技创新协同发展,指出"坚持把科学普及放在与科技创新同等重要的位置",积极引导科学研究院所和其他社会团体加入科学研究,充分发挥科学研究人员的积极作用。这些政策的提出,在一定程度上强化了科研机构在科学普及和科技创新中的主体地位,为科研机构参与科技伦理治理提供了支持。

科研机构是指具有明确的研究方向和研究任务、一定层次的学术技术带头人、一定数量和素质的科研队伍或团队以及扎实的科研基础条件的长期的、有组

① 参见:赵沛,王丽慧."十三五"时期我国科普活动开展情况报告[R]//王挺.国家科普能力发展报告(2022).北京:社会科学文献出版社,2022:110—111.

织的科学研究单位。虽然科研机构在科技创新活动中扮演重要角色,但缺乏足够的关注度。事实上,科研机构也是科技伦理治理体制的一个关键主体,其在分配、监管科技创新资源等方面有着无可取代的功能,对提升科技创新绩效具有非常重要的作用。譬如,江苏省部分城市在开展科技创新管理工作的同时,出台了若干项关于加强科技中介服务体系建设的政策,这对推动科技中介服务机构的发展起到了积极的作用,同时也提高了其参与科技创新活动的程度。2015年南京市发布的《南京市促进技术经纪发展的若干意见》,提出要充分发挥技术经纪的作用,鼓励高校、科研院所、企业的技术转移机构,以及各级生产力促进中心、成果转化服务中心、科技企业孵化器、公共技术服务平台、专利技术服务机构和相关行业组织等,积极开展技术经纪业务。

科研机构具有较强的自主性,可以独立负责、管理本机构内部的科学研究与管理工作。科研机构的自主性,目的就是促使科研机构维持与保证长期的、高风险的科研活动的顺利开展。具体来说,需要保障稳定的资金流动、自主的预算管理,从而使得新的课题研究顺利开展,同时确保能够吸引和保留优秀的科研人才。不少国家都十分重视扩大科研机构自主性的政策,部分国家还专门制定了相关的法律法规,对科研机构的资金运用给予法律层面的保证。譬如,德国于2012年颁布的《科学自由法》,给予科研机构在资金、人事、投资、建设等决策方面更大的自主权。[①]

坚持科技伦理道德是一项最基本的社会责任,要求科研机构在科研创新活动中遵守各种伦理道德规范,为科学创新研究创造一个良好的生态环境。具体来说,科研机构作为重要的科技创新主体,在科技伦理治理体制中肩负的管理责任主要体现在三个方面。

第一,强化对科技相关法律法规、部门规章的伦理自觉。在机构内部成立科技伦理委员会,通过采取有力的措施保证它能够独立地进行伦理道德审查。在科技伦理委员会这一组织中,应注重吸收社会学、管理学、哲学、伦理学、医药学、法学等多领域的专家。伦理委员会应认真履行自身的职责,没有经过委员会的集体讨论通过,任何人都不能代替委员会在各种评审文件上签字。

[①] 参见:芮雯奕.德国《科学自由法》对我国新型科研院所建设的启示[J].科技管理研究,2015,35(19):84-87.

第二,优化对科研院所、科研工作者的伦理管理。科研工作者应当熟悉并遵守国际科技伦理的基本规范,以及国内有关科技的法律法规、条例措施等。在课题实施之前,科研项目负责人应当积极主动地提出伦理审核意见,对实验方案变更和研究范围扩大等相关内容,应仔细重新审核。在与国际科技合作有关的研究中,必须严格遵守审核流程,即使研究项目已经通过了其所在国家、地区和机构的科技伦理委员会审查,仍然需要向其所在单位的科技伦理委员会申请审核。此外,还有一些具体的要求,譬如,尊重并保护被试者的基本权利与隐私,在研究成果公布之前进行伦理审查以及在不同层次上开展伦理教育等。

第三,严厉惩处违反科技伦理道德及相关法律法规的行为。在科研课题的设计、申报及评审等方面,科研机构必须坚持诚信、客观公正,杜绝弄虚作假等现象出现,防止科研课题研究中可能存在的生态风险、人身伤害、无研究价值、剽窃他人成果、篡改实验数据或捏造等情况。在与人相关的科学研究中,不得滥用科学基金,不得违背"尊重""无害""有利""公平"等科技伦理道德准则。如果不遵守科学研究活动的规范要求,给生态环境、人类发展带来了极大的危险和灾害等后果;或者是违背了基本的科技伦理规范,出现了严重的科研不端行为;或者是没有遵守承诺保密的规定要求并造成影响恶劣的结果,那么,科研机构必须按照相关的规定从严从重处罚。

三、医疗卫生机构

医疗卫生机构是指依法设立的对人类身心疾病给予诊治的一种健康性组织。医疗卫生机构在组织类型上主要为医院和卫生院,同时还有疗养院、门诊部、诊所、卫生所(室)以及急救站等,它们共同构成了一个完整的医疗卫生机构体系。医疗卫生机构拥有基本的医学科学创新理论成果,能够创建标准化的临床创新和实用技术,大力发展医药科学技术,在科技创新系统中发挥着重要的作用。高质量的医疗卫生机构,致力于做好医学科学创新的成果库与推广地。医疗卫生机构的创新成果若能得到有效运用,将大大提高它们在医药领域的竞争力,使其对医药行业的带动效应得以充分发挥。

在医疗卫生领域,存在着大量的"利益冲突"现象。所谓"利益冲突",是指在特定情况下,医疗卫生人员对主要利益(如受试者福祉、科研效果等)的主观判断可能会被次要利益(如经济收益)所左右。利益冲突的类别是多样的,可以是经济利益和非经济利益之间的冲突,也可以是个人利益和组织利益或者社会利益之间的冲突。因而,在医疗卫生领域,如何精准识别、防范医疗卫生机构内部及机构之间的利益冲突,并对其开展细化的伦理规范、道德评价,是考核与衡量医疗卫生机构服务质量的重要标准之一。随着医学生物科技的飞速发展,以及人类卫生健康理念的持续强化,人们在医疗卫生领域的自主意识、权利意识日益加强,在医学科研、健康护理等实践中将会出现更多的伦理道德问题。医疗卫生机构应对单位内部的科技伦理委员会的构建给予足够多的重视,明晰科技伦理委员会的伦理责任,尽量为医疗卫生从业人员提供更多的伦理指导与协助,使其能够更多、更好地了解并主动运用医学科技伦理知识,同时为伦理委员会的独立运行提供更多的条件保障。

总体上,医疗卫生机构的科技伦理治理工作刻不容缓,特别是医德医风建设亟待引起重视。医疗卫生机构作为医疗卫生领域研究与实践活动的行为主体,可以通过组织本机构的课题申报、研究,强化其人员的责任意识。在这个过程中,必须高度重视基本的医学科技伦理问题。每种医疗卫生机构面对的伦理问题性质和特点差异非常大,而同时承担临床、科研和教学等任务的机构更加可能面临临床伦理、研究伦理和学术不端行为等多重挑战。

作为科技伦理治理的重要主体,医疗卫生机构最根本的社会责任就是伦理道德责任,而伦理道德责任又是其树立公共信用、维持良好社会声誉的重要条件。医疗卫生机构应根据科技伦理治理的基本原则和具体要求,进行医学领域的科学研究,并对违反伦理规范、道德要求而造成的后果或不良影响承担责任。具体来说,医疗卫生机构应承担的伦理责任主要有以下几个方面。

第一,坚持"以人为本"的伦理原则。在遵循"以人为本"的伦理原则下,尊重并鼓励医学科研人员的学术探索自由,关注并满足其合理需要,保障其福利待遇和合法权益,提升其工作满意度。与此同时,通过有组织、有计划的系统性科技伦理知识培训,提升医学科研人员的科技伦理道德素养,从而推动有潜力的科研工作及人类健康事业的高质量开展。

第二,医疗卫生机构需要在机构与利益相关者(譬如政策制定者、科技伦理委员会、科研机构以及相关企业)之间建立起一种信任、合作、协同治理的有效机制,而在此过程中,遵循科技伦理道德是实现这一机制的必要条件。这些对于促进医疗卫生机构的社会伦理、提升医疗卫生机构的伦理形象、提升医疗卫生机构的社会声誉、保持医疗卫生机构的和谐与可持续发展具有积极作用。

第三,伦理建设是医疗卫生机构经营和管理的基础,科技伦理治理对医疗卫生机构的综合竞争能力提升具有重要意义。在科技日新月异的新发展阶段,医学领域作为一个最直接的"窗口",其高质量发展将直接影响人类的身体健康、生活品质。医疗卫生机构只有不断地加强自身伦理建设,才能提升医疗卫生人员队伍的综合素质,真正树立起自身的社会信誉,才能让人民、政府、国家放心。特别值得注意的是,要将医德医风建设融入党风廉政建设之中,坚持"以人为本"的伦理原则,切实维护人民群众的根本利益,增强医疗卫生从业人员的无私奉献意识与社会责任感,从而提高医疗卫生行业的整体职业素养。

四、企业

党的二十大报告指出:"坚持科技是第一生产力、人才是第一资源、创新是第一动力。"这反映了党和国家在实现科技自立自强、抢占发展制高点方面的战略决心,其内涵深刻、意义深远。科学技术是国家发展的基础,创新是国家进步的核心。自立自强、自力更生一直是中国人努力的目标。加快建设科技强国,走中国特色自主创新之路,通过自主创新取得技术突破,使国家更加强大,这是时代的需求,也是历史的选择。企业作为科技创新的重要主体,其创新成果对于促进科技与经济的结合、提高国家自主创新能力、建设创新强国有着积极的作用。

企业的科技创新活动是指在市场经济环境中,企业为追求内部经济利益而进行的新技术、新产品的研发、应用及其商业化和创新发展的过程。随着新发展阶段的到来,企业在科技创新体系中的地位已得到全面提升,逐步成为科技创新的核心力量。企业科技创新不仅具有极大的活力,还在满足人们日益增长的物质和文化需求方面发挥了重要作用。物质生产条件在社会经济生活中起着决定性作用,只有满足人民群众的物质文化需求,才能促进社会其他关系的发展。同时,科技创新对企业自身的发展至关重要。要在市场竞争中生存并发展,企业必须依靠科技创新,降低生产成本,改进生产方式,创造出质优价廉的新产品。

企业在科技创新中的角色不仅是社会经济发展客观规律的重要体现,也是市场化经济转型的必然选择。企业的市场敏感性和利润动机使其能够有效地将科技创新成果转化为市场所需的产品和服务。国有企业凭借雄厚资本集中资源办大事,而民营企业则是凭借其灵活性,在特定领域长久坚持,形成特色产品。因此,如何更好地发挥不同企业的优势,建立完整的科技创新产业链,是未来需要解决的关键问题。

虽然科技创新对企业的生存和发展至关重要,但作为社会系统的一部分,企业也负有特定的社会责任和义务。企业伦理责任体现在对自身行为的道德约束,尤其是对损害他人利益行为的责任承担。企业应坚持"无损害原则",认识到"义务"比"利益"更重要。企业的伦理责任要求其在科技创新活动中履行"为善"的义务,并对可能的负面影响承担相应的后果。

企业的发展不仅依靠其经济活动,还需要社会的认可。企业作为吸纳劳动者就业的主体,与员工的工作和生活密切相关,只有企业自身实现良好发展,才能保障员工权益。科技创新是企业立足的根本,增强企业科技创新主体的责任意识,可以确保科技创新活动的合理有序发展。企业应在科技创新中选择对社会有益的项目,坚持以人为本、保护环境的原则,处理好长期与短期、全局与局部之间的关系。具体来说,企业作为科技创新的重要主体,在科技伦理治理体制中应肩负的主要责任有以下几方面。

第一,坚持"以人为本"理念。企业在科技创新过程中,必须承担起维护广大消费者和员工利益的伦理责任,其核心在于始终以最广大人民群众的根本利益为出发点和最终归宿。判断企业科技创新的善恶应以能否为人民谋福利为最高伦理标准。"以人为本"的价值观要求企业作为伦理主体,内在地遵循自律原则,为科技创新提供明确的价值导向。具体来说,企业的科技创新应以人民为中心。对消费者而言,企业必须严格履行对产品和服务质量的承诺,确保所提供的科技创新产品和服务的高质量,力求做到物美价廉、服务优良,始终关注消费者的安全和健康。当消费者体验并认可企业的创新产品和服务时,会对企业产生信任,成为其长期客户,从而为企业带来经济收益,实现"我为人人,人人为我"的良性循环。这种对"为人民谋福祉"的重视,使得企业具有了积极推动科技创新的内在动力。对于企业员工而言,企业有责任提高他们的工资福利待遇和改善工作环境,尽可能减少有害工作条件对员工身心健康的负面影响。真正做到保护员工的身心健康,才能保证企业的可持续发展。

第二,坚持"公平竞争"理念。公平竞争指的是企业在科技创新过程中享有的权利与其应承担的义务相互匹配。不同企业在科技创新的竞争中,其基本权利和机会应当是平等的,竞争手段应当是公正的。在社会主义市场经济体制下,企业作为市场主体,以市场为中心、以自身利益为出发点。然而,尽管企业之间存在优胜劣汰的现象,但市场主体之间并不存在根本利益的冲突,它们在根本利益上具有一致性。因此,企业应做到诚实守信。社会主义市场经济中的竞争并非尔虞我诈、你死我活的激烈争斗,而是一种依靠先进技术、优化管理和提高劳动生产率来降低生产经营成本的公平竞争。企业通过公平竞争,可以推动技术进步和创新能力的提升,同时也能促进整个市场环境的健康发展。这种竞争不仅有助于企业的成长,也有利于社会经济的整体繁荣。

第三,坚持可持续发展理念。人类活动对自然界造成了深远的影响,自然环境是人类生存的基础。人类与自然的关系应以尊重自然为前提,并重视对人为破坏的调节。可持续发展不仅是一种伦理道德义务,还强调人类与自然之间的和谐,要求对自然资源进行有效保护,为未来的发展创造适宜的环境。这对企业的科技创新提出了更高的要求,即在节约自然资源、保护环境和生态方面要采取措施,以实现可持续发展的目标。自然资源主要分为两类:可再生资源和不可再生资源。可再生资源是指可以重复利用的资源,如土地和水源;而不可再生资源则是有限的,终有一天会耗尽,如煤、石油和天然气。当前大力倡导发展低碳经济,其实质在于减少对不可再生资源的消耗,减少二氧化碳排放。过度消耗自然资源会导致严重的环境污染,破坏人类的生存环境,影响人们的生活质量,企业也因此背离了其存在的初衷。珍惜自然资源,不仅是为了给子孙后代留下生存空间,同时也是在为企业自身的可持续发展规划蓝图,从而提高人们的生活条件和质量。这不仅符合道德责任,也是企业实现长期稳定发展的战略要求。

第四节　科技类社会团体参与意愿及渠道

科技类社会团体是实施科技自主创新的重要力量。作为科技创新成果的重要交流载体,科技类社会团体可以根据科技发展和自身功能定位需要,组织一些专业领域内的学术论坛、学术互助平台,为不同区域间的科技人才交流提供便利。科技类社会团体具有自身独特的优势,能够通过充分发挥其社会联系广的优势,在科技创新活动、科技伦理治理中发挥纽带作用,从而促进不同的主体之间开展互动协作,积极肩负起充当社会网络中黏合剂和润滑剂的责任,在科技伦理治理体制中居于重要的地位。

科技类社会团体属于社会组织的重要组成部分,与科技研究及其知识传播有着密切的联系,能够发挥传播和交流新的科技思想、成果以及组织和评估学术研究的作用。此外,科技类社会团体还能够及时为政府、企业、高校等主体提供专业性强的政策建议、决策咨询。针对新科技衍生出来的伦理问题,科技类社会团体可以先行在同行内部凝聚前瞻性共识,成为科技伦理风险的"瞭望者",促进科技创新成果的转化和应用,这有助于营造一种宽松的科学研究交流氛围,促进科技人员的相互交流,以求更好地服务于科技创新,为实现科技伦理的敏捷治理提供智力支撑。而在科技类社会团体中,科技伦理学会、科学技术协会是具有代表性的组织,它们通过将不同的科学家、法学家、企业家、伦理学家等领域专业人士聚集在一起,共同讨论、交流、形成科技伦理治理的研究成果、政策建议等,积极地参与科技伦理治理,成为科技伦理治理体制框架的重要构成部分。

一、科技伦理学会

科技伦理学会的工作,主要是传播科学技术伦理原则、标准等。科技伦理学会聚集高等学校、科研机构、企业等单位中具有较高水平的科研成果和较大影响力的专家或者管理者代表,通过组织研讨会、报告会,促进众多代表围绕科技伦理治理、科技伦理研究新进展等主题进行定期交流,加强不同的科技伦理治理主体之间的横向联系。科技伦理学会开展活动的具体形式可以是开展科技伦理培训,普及科技伦理知识,拓展科技伦理道德实践活动;也可以是组织出版科技伦理治理相关的书籍、专著、期刊等。科技伦理学会的建立,是健全科技伦理治理体制的重要内容,能够对科学技术进步与发展、科技伦理治理起到积极作用。

科技伦理学会为健全具有中国特色的科技伦理治理体制提供了一条有效的道路。科技伦理学会是科学技术协会的重要基础,需要高度重视并构建自身的工作职责。一是科技伦理学会要深入研究科技领域的伦理问题,创新科技伦理研究范式,强化对科技伦理问题的咨询。随着科学技术的不断进步,人们的生存、思维和情感方式均发生了巨大变化,人与自然、人与社会的关系甚至人的心理也产生与之相应的变化。而科技伦理问题,也是非常明显的,这就要求加大对科技伦理问题的研究力度。特别是科技领域中的生命伦理、环境伦理、科技伦理、应用伦理等前沿问题,已经引发了社会的高度关注、调查和讨论。二是由科技伦理学会组织本科技领域内德才兼备的专家学者以及具备丰富经验的科技管理者,开展以社会主义核心价值观为指导的科研工作中的学术道德和学术风气的宣传教育;对研究生、本科生展开科学道德和学风建设的宣传教育,引导其遵守科学研究的学术规范,促进崇高的科学伦理道德的形成,培育良好的科学精神,提倡严谨求实的科学态度。三是科技伦理学会要搭建宣传交流平台,传播科技伦理知识。科学工作者应积极与社会各界沟通科技创新过程中的伦理风险问题。面对公众对科技行为的认知偏差以及可能给科技伦理带来风险的情况,相关部门和科技工作者应该加大科技伦理知识的宣传力度,对公众进行科学态度的引导,要求第三方科学、客观、准确地报道科技伦理问题,并防止科技伦理问题的泛化。

具体来说,科技伦理学会参与科技伦理治理的渠道方式主要有三方面。一是促进科技伦理准则和标准的制定。尤其是生命科学、医学、人工智能等重点领域的全国性学会、地方性学会,应在自身的学科与专业领域范围内制定出相应的科技伦理规范与指南,并注意对科技伦理标准进行不断完善,进一步明确科研创新活动中的科技伦理原则要求,积极引导科技机构和科技人员开展合法的科技创新活动。二是吸纳科学伦理方面的专家意见。在重大科技伦理事件的调查与处理中,有关行业的科技协会可作为其代表,为科技伦理事件的处理提供有权威性的第三方专家意见。三是加大宣传与教育力度。在全社会普遍开展科技伦理知识的教育,提升大众的科技伦理素养。要充分发挥科技社团的优势,推动科学家走到公众面前,使公众更好地认识前沿科技,促进公众理性地参与有关科技伦理问题的讨论活动。

二、科学技术协会

科学技术协会简称"科协",是科学技术工作者的群众性组织。科学技术协会代表科学技术从业人员的利益与需求,是党和政府与科技人员之间的沟通桥梁,也是推动科技事业健康发展的重要力量。科学技术协会肩负着服务经济社会发展、提高全民科技素质、为科技工作者建言献策的职责。

在科学技术协会的组织体系中,可以分为中国科学技术协会和地方科学技术协会。中国科学技术协会由全国学会、协会、研究会,地方科学技术协会及基层组织组成;地方科学技术协会由同级学会、协会、研究会和下一级科学技术协会及基层组织构成。科学技术协会的组织系统横向跨越了理科、工科、农科、医科和交叉学科等自然科学领域和大部分的产业部门,是一个具有极大覆盖面的网络型组织体系。中国科学技术协会按照"坚持为科技工作者服务、为创新驱动发展服务、为提高全民科学素质服务、为党和政府科学决策服务"的宗旨要求,充分发挥自身组织的特色和优势,团结带领广大科学技术工作者努力工作。

通常情况下,科学技术协会在科技伦理治理体制中可以发挥的功能有三方面。一是将科技伦理融入社会的内在价值环境。加强大学生的宣传教育、科研人员的入职及在职培训、学术交流与同行评议等,把科技伦理的价值引领贯穿科研活动的全领域、全过程,增强科研人员的科技伦理意识和自觉性,通过科技界内部自觉自律风尚的建设,推动遵循向善、负责任发展的科学文化氛围形成。二是在科技类社会团体内部,形成科技伦理道德行为规范。推动各学科领域的科学技术协会,将科技伦理观念融入指导科技工作者开展研究的规范守则中,对违背科技伦理的团体成员予以处罚,对不符合科技伦理的行为予以限制,从而在科技世界的每一个领域都形成一种普遍适用的科技伦理行为准则。三是发挥科学技术协会的专业特长,树立起负责任的科学文化精神。科学技术协会是由不同专业领域的科技工作者组成的一个群众组织,可以利用自身的专业优势,预测科技创新发展过程中可能存在的伦理风险问题,及时地为有关方面提供专业的政策建议,通过群策群力为科技伦理治理体制健全作出贡献。

具体来说,科学技术协会参与科技伦理治理的渠道方式主要有两方面。一是加强科技伦理的学术研究。强化科学技术协会在不同科技领域中的伦理相关研究,共同促进科技伦理学会的成立,组织并支持专业人士对科技伦理开展理论研究,探索优化科技伦理治理实践的可行性路径。通过深入研究科技伦理前瞻性评估等问题,依托学术平台的支撑作用,积极推进并参与国际科技伦理治理中重大议题的研讨、规则制定。二是促进科技界内部的自律自治。通过与高等学校、科研院所、医疗卫生机构和企业等方面的合作,加强对科技人员的伦理专业培训,使科技工作者能够积极地参与到科技伦理的治理中来,增强其自我约束能力,从而提高整个科技行业领域的伦理自治水平。

第五节 科技人员伦理遵守的自觉意识

毫无疑问,科技伦理问题产生的根源是非常复杂的。科技人员是科技活动的直接参与者,其伦理意识的强度与科技活动所引起的伦理问题有着直接联系。从某种意义上讲,科技人员对伦理问题的性质及其危害性起着决定性的作用。科技工作者在实际工作中对科技伦理的自觉遵循,将有利于防止伦理风险问题的发生。新科技革命的兴起,需要科技工作者对未来发展树立责任意识,认真地挑选出对人类社会的未来发展有利的科技课题,切实对大自然肩负起应有的责任,真正对人类整体的和平与发展、对人类共同的命运与前途负起责任。总之,面对现实中的科技伦理风险问题,科技人员不应袖手旁观,而是应及早发现并建立正确的舆论导向,制定相应的解决策略,为未来的科技发展提供多种正向可能。科技伦理自觉意识是指科技工作者和管理人员从良知的内在自觉出发,而不是从法律法规的外部约束出发,使科技研发一直朝着有利于人类的方向前进。这一自觉意识贯穿整个科学技术活动的始终,是科学技术造福于人类的根本动力。

一、伦理道德内化意识

科学技术本身没有任何道德价值,但它的道德价值却在特定的社会情境下,在特定的研究活动和研究结果中得以体现,这就产生了科技人员的职业伦理。科技人员对伦理道德意识的自觉内化,有助于其进行科技伦理的理论思考与研究。意志自由是伦理道德主体产生道德并履行职责的基础。科技人员在科研活动的整个过程中伦理道德意识越强,自身的综合素质就会越高,那么将会更有责任感地采取实际的行动,承担并履行科技伦理道德责任。

对于科技人员而言,应有效培养其伦理道德内化意识,主要体现在三个方面。一是强化科技人员在科研工作中所要坚持的伦理道德信念,特别是必须遵守的职业伦理准则与原则。需要引导科技工作者,尤其是青年科技工作者,在注重科学研究的同时,更加注重将科技工作者的价值诉求、精神气质和人文关怀融入自己的内心。由于伦理自觉应该是一种非强制的、不属于他者而属于自己的伦理道德选择,因而科技人员的伦理道德行为不同于普通群体的选择行为,科技人员必须在追求真理、造福人类的指导方针下从事活动,而不是在特定环境和利益的驱使下进行选择。在这种情况下,科技人员是具有伦理自觉的,在面对各种不良诱惑时,始终能够保持清醒头脑,进而做出推进人、自然与社会和谐、持续发展的选择。二是科技工作者的伦理道德自觉不是盲目的,而是自然而然的、自愿的,是一种对高水平科学技术活动中可能出现的各种伦理可能性的认识,是一种科技伦理感情与伦理选择,与现实中的理性是一致的。三是科技工作者的伦理选择应该是自我的,不能为个人欲望所左右,其内心充满了追求至善的快乐感。因此,科技人员应在认识世界、改造世界的活动中,逐渐形成更高境界的伦理道德选择与自觉,这也是真正实现其自我价值与社会价值的必经之路。

二、伦理责任主体意识

科学技术研究、开发和利用所承载的伦理责任变得越来越重要,科技伦理责任是科技成果是否向善的"过滤器",直接影响着人类未来的命运发展。任何一项科学技术研究项目的立项、启动,都离不开科技伦理责任的前瞻性预测。科技人员压实伦理责任主体意识，一方面需要注重自身的内在伦理责任，另一方面应该关注社会伦理责任。伦理责任主体意识是科技人员作为伦理道德主体，在对伦理道德的反思过程中，对自己在伦理道德领域的主体地位、能力和价值等方面的感性认同和理性认知。

科技人员的伦理责任主体意识主要有两层含义。一是指科技人员的内在责任主体意识，即科技人员作为一名普通的公民，在从事科学研究工作时，必须遵守该领域的职业道德规范，这反映了科技人员应具有的学术态度。科技人员拥有专业的科学知识和科学技能，对于科技成果可能带来的某些伦理风险，要比普通人更清楚、更准确、更全面地预见，因此科技人员有责任去预测、评估有关科学技术成果的正面和负面影响。二是科技人员的外在责任主体意识，又称为科技人员的社会责任主体意识，是科技人员自身对他人、集体、社会所采取的态度以及对于达到的行为后果应该负责的一种伦理学范畴。科学技术研究的出发点必须有造福人类的"善"的动机，落脚点是能够促进人类可持续发展的"善"的结果，底线必须是无害于人类。作为科技活动主体的科技人员，在从事科学研究相关的活动时，不仅不能忘记其内在责任即职业道德，更不能忘记自身的外在责任即对人类命运负责的责任，应始终秉持科学的最高宗旨为人类造福。进一步地，在科技伦理治理体制构建中，应着力于培养科技人员的伦理责任主体意识，主要体现在两个方面。

第一，多层次、多角度、多形式地开展科学技术伦理教育。科技人员的伦理责任主体意识的培养，是一项需要多方合力的系统性工作。但是，在现实的培养体系中，在全社会尚未形成科技伦理意识和氛围以及终身教育体系的情况下，科学技术伦理教育只是依赖于有限的学校教育，这其实是非常不利于培养科技人员的伦理责任主体意识的。学校教育所面向的主体是未来的科学技术工作者，在培养科学技术伦理责任主体意识方面存在着不少的局限。在社会经济的实际生活中，科学技术伦理问题并非孤立地存在，而是与政治、社会、法律等诸多问题相关联，并且在各个方面都有不同的体现，因而需要重视科学技术伦理观念的培养以及对其所处的社会、文化和终身教育体系的更新。

第二，将科学技术伦理教育列入高等学校研究生、本科生的必修课程清单，并将其纳入专业培养计划中，采用切实可行、行之有效的方法对其效果进行评价。在学科教学中,需要结合学科特点,把科学技术伦理教育贯穿教学的全过程、各方面。譬如,工程技术类专业的学生,可开设技术伦理、工程伦理等课程;环境与生命科学专业的学生,可开设生命伦理、环境伦理等课程。[①]由此可知,不同专业的知识重点是有区别的,若要有效进行科技伦理教育,必然得基于学科专业背景,辅之以大量的专业实践案例剖析,以尽可能将科技伦理知识与专业实践紧密结合起来,使学生真正理解、感悟到伦理冲突及其紧张性,并致力于防范和解决相关的伦理冲突问题。

三、伦理风险防范意识

现代科技的不断进步和发展在某种程度上内在地推动了科技伦理风险问题的出现。在市场经济逐步深化的背景下,一些市场主体过度追求经济利益,外在地加剧了现代科技伦理风险。科技人员应将科技伦理风险防范作为认知基础,在科学研究、技术发明和应用过程中遵循趋利避害的原则,以预防可能出现的风险。随着高新技术的发展,核威胁、克隆人、基因诊断与治疗、转基因食品以及网络信息安全等潜在的伦理风险已成为现实,实质上会威胁到人类的日常生活。当科技人员不遗余力地推广高新技术及其诸多好处时,人们常常感到担忧。科技人员应避免"为技术而技术"的思维,不仅要"求真",还需全面考虑科技成果应用的后果,将"求真""求善"和"求美"结合起来,使科技成果体现"真善美"的内涵,科技人员还需树立科技伦理风险防范的意识。

提升科技人员的伦理风险防范意识的基本途径是开展科技伦理知识的教育和培训。科技人员的伦理风险防范意识及其防范能力与其接受的科技伦理教育和培训程度密切相关。因此,应注重科技人员的科技伦理素养的培养,特别是要加强青年科技人员这一群体的伦理风险防范意识。可以建立一个有效的科技伦理培训基地,在科研实践中强化这种意识,并定期组织科技伦理风险防范活动,如教育论坛、有奖知识竞赛等。同时,还可以通过参观科技场馆或利用微信、微博、抖音等新媒体平台,向青年科技人员传播科技伦理风险防范知识,从而提升其防范能力。

---

① 参见:章乐.风险社会的道德困境与学校教育应对[J].教育发展研究,2015,35(Z2):33-37.

此外,还应提升科技领导干部和普通公众的科技伦理风险防范意识和能力。科技领导干部作为科技项目的伦理决策者和执行者,由于科技项目的复杂性和不确定性,接受专业的伦理风险防范教育和训练能够帮助他们更好地预测和判断科技伦理风险,并采取措施将风险控制在合理范围内。在普通公众中,由于科技伦理知识的专业性门槛较高,一些群体的科技伦理素养较低,其风险防范意识相对薄弱。因此,可以在社区或村庄等基层单位深入开展宣讲活动,增强公众对科技伦理风险防范的认识和理解,并探讨构建适合普通公众的科技伦理风险防范意识培养模式。

四、伦理法律约束意识

科技本身是一把双刃剑,一项新的科技成果所带来的结果,既可能有好处,也可能有坏处。随着科技成果在社会诸多领域中的广泛应用,科技与社会生活之间的联系变得越来越密切,科学研究也因此成为助推政治、经济、社会、文化等政策目标实现的重要工具。在这种情况下,从事科学研究活动的主体范围大为扩展,形成大量的科研机构、组织或团队。科研活动通常需要一定的经费支持,这多是来自政府部门或者企业的资金,因而部分科研人员在经济利益的驱使下沦为"钱"员工,将科研工作当成谋取私利的手段。当科研人员的研究行为导致的伦理问题进入到更广泛的经济领域时,一切都变得异常复杂,潜在的危害性后果也更大。因此,没有法律约束的科技研究、开发和利用行为是危险的,应当加强科技人员的伦理遵守与法律约束的意识。只有科技人员真正懂得尊重规律、敬畏法律,才能对科研不端行为形成强有力的抵制,更好地强化科技伦理谴责的效果。

不断地完善与科技发展需要相适应的法律体系,以法律的形式来保证和推动科技发展。在此基础上,强化科技人员的伦理法律约束意识,使其切实遵循法律规定及要求。就当前现实而言,主要应从两个方面着手。一是要加大对科技伦理相关法律的宣传力度,增强科技人员的伦理法律约束意识,以伦理法律保障推动科学技术研究、产品开发和应用的发展。在具体形式上,除了传统的广播、电视、报刊、图书等之外,可以利用新型的短视频、直播等来增强效果。二是要加强对科技伦理法律人才的培养。在科学技术研究领域中发生的伦理案件,通常情况下会牵扯到一些比较复杂的科学问题,这就对执法办案人员的法律素养、伦理知识及相关科学知识提出了更高的要求。总之,科学技术在社会经济发展中的作用越来越大,而伦理法律是保障和促进科技发展的重要武器。

第六节　本章小结

科技伦理治理是国家治理与科技社会的重要议题。健全科技伦理治理体制的框架构建,要从健全科技伦理治理体制的总体要求出发,充分考虑三个要点:一是着力构建多方参与、协同共治的总格局;二是坚持动态、科学、法治的治理过程;三是围绕"科技向善"系统推进新理念。

《意见》提出"完善政府科技伦理管理体制""压实创新主体科技伦理管理主体责任""发挥科技类社会团体的作用""引导科技人员自觉遵守科技伦理要求"。在"政府科技伦理管理体制"中,国家科技伦理委员会承担全国范围内的科技伦理治理体系建设的指导、统筹、协调、推进等任务;科技部承担国家科技伦理委员会秘书处的日常工作;国家科技伦理委员会各成员单位按照职责分工负责科技伦理规范制定、审查监管、宣传教育等相关工作。在"科技创新主体伦理管理责任"中,高等学校、科研机构、医疗卫生机构、企业等单位要履行科技伦理管理主体责任,建立常态化工作机制,加强科技伦理日常管理。在"发挥科技类社会团体的作用"中,推动设立中国科技伦理学会,健全科技伦理治理社会组织体系,强化学术研究支撑。在"引导科技人员自觉遵守科技伦理要求"中,广大科技人员应对自身所承担的伦理责任有清醒认识。要在全社会树立起科技造福人类的崇高信念,确保科学技术发展一直在造福人类、维护人的尊严和权利的道路上前进。具体来说,对于科技人员而言,需要不断树立伦理道德内化意识、伦理责任主体意识、伦理风险防范意识、伦理法律约束意识,这样才能对科学技术发展和运用保持正确的价值取向,以实现对科学技术的合理控制,防止对科学技术成果的滥用。在科技伦理治理体制不断健全的实践中,不同主体践行科技及其应用领域的伦理规范,强化协同治理,致力于打造多元合作的"科技伦理治理共同体"。

优化科技伦理治理机制的制度保障

　　新时期全球国际关系的加速演变、科学技术的迅猛发展，正在冲击传统的科技治理架构和规则边界，科技伦理治理已成为当前全球治理的重要内容之一。相应地，如何建立和加强科技伦理治理，已成为全人类共同面临的问题。我国科技伦理治理体系建设起步较晚，对科技伦理治理的认识和参与在深度、广度方面均有欠缺。如何加强科技伦理治理机制的制度保障，有效解决科技伦理治理存在的问题，这些应是未来科技伦理治理需要重点考虑、仔细谋划、逐步推进的关键所在。本章从制定完善科技伦理规范和标准出发，提出要完善科技伦理相关标准，明确科技伦理要求，引导科技机构和科技人员合法合规地开展科技活动；从建立科技伦理审查和监管制度、科技伦理风险预警与处置机制、科技伦理教育与宣传机制三个方面提出相应的措施，不断地优化科技伦理治理机制的制度保障。

第一节　科技伦理规范和准则

　　近年来，随着基因编辑技术、人工智能技术、辅助生殖技术等新兴科学技术的迅猛发展，全球范围内频繁发生与科技伦理相关的风险事件，引发了广泛而激烈的讨论。由于历史原因，现代科学技术在中国的起步较晚，相应的监管机制和法律规范等体系相对滞后,对现代科技带来的伦理问题缺乏相应的经验和深度思考。这导致在重大科技伦理事件发生时,缺乏有效的应对策略,未能跟上科技发展的步伐。2018年发生的"基因编辑婴儿"事件更是将科技伦理问题推向了舆论的高峰,促使全社会呼吁加强科技伦理制度化建设和规范治理。促进科技伦理道德规范的发展已成为当务之急。

在科学技术对人类社会的影响日益深入的今天,标准化和强化科技伦理治理标准尤为重要。将若干重要的科技伦理道德准则转化为法律准则,旨在利用法律的力量更好地推动科技伦理治理。这种法律手段能够进一步加强科技伦理治理的规范化和标准化效果,使科研人员和科技企业在面对科技伦理问题时,拥有明确的判断标准,这不仅有助于他们更好地调控科技的发展及其后果,还能提升他们的道德观念,确保科技进步能够在符合伦理和法律的框架下进行。

一、科技伦理规范

现代科学技术已经发展出庞大的知识、技术和工程体系,其综合能力足以与自然力抗衡,且已成为现代社会生活的主导因素之一。尽管科学技术在推动人类文明进步和提升生活质量方面发挥了巨大作用,但同时也带来了诸如环境污染、资源滥用和传染病增加等一系列严重的风险问题。历史上,对科学技术的盲目崇拜和滥用,导致了许多严重的生态环境灾难。为了确保科研活动能够正当有序地进行,并防范科技被滥用于不良目的的行为,有必要建立完善的科技伦理规范体系。这包括制定科学的伦理规则体系以及建立有效的监管体系以确保这些规则得到切实执行。通过这样的科技伦理框架,可以更好地指导和约束科技实践,促进科技与社会的和谐发展。

(一)科技伦理规范的主要内容

科技伦理规范是关于科学研究、技术研发等观念和道德的规范,是从观念和道德层面上规范人们从事科技活动的行为准则,最终目的在于敦促科技人员自觉和自愿遵守科技伦理道德,进而更好地调整科技共同体内部的成员关系以及科技共同体与社会之间的关系。从内容上来看,科技伦理规范涉及的关系是复杂多元的,譬如独立创作和协作之间的关系、集体荣誉和个人荣誉之间的关系、学术研究流派之间的关系等,其核心问题是使之不损害人类的生存条件(环境)和生命健康,保障人类的切身利益,促进人类社会的可持续发展。

科技伦理方面的规范,主要包括科研领域的伦理准则(如《涉及人类受试者的生物医学研究国际伦理准则》)、重要技术发展的伦理原则和指导(如《人胚胎干细胞研究伦理指导原则》)、科学家的道德责任和伦理规范(如世界科学大会通过的《科学与利用科学知识宣言》)。科技伦理规范对科学家的行为起着引导、鼓励、约束以及禁止的作用。就法律规定层面而言,《中华人民共和国科学技术进步法》对科技伦理进行了原则性规定。在行政法规和部门规章方面,主要有国务院颁布的《国家科学技术奖励条例》《人体器官捐献和移植条例》,原卫生部颁布的《人类辅助生殖技术管理办法》《涉及人的生物医学研究伦理审查办法(试行)》,科技部和原卫生部等颁布的《人胚胎干细胞研究伦理指导原则》等。

(二)科技领域主要的伦理规范

目前,我国仅在生命医学等个别领域初步建立了相关的科技伦理制度规范,不少科技领域的伦理规范甚至存在空白,因而必须加快研究制定符合国情,且与国际接轨的科技伦理规范和标准,将科技伦理要求落实到制度准则、基本标准和法律法规中。坚持敏捷治理的要求,针对新兴技术引发的伦理问题,及时研究制定适合中国国情的伦理规范和处理办法。

第一,生命科技领域相关伦理规范。生命科学与生物科技的进步,一次又一次地向人们展示了一个道理,那就是事实与价值紧密相连。生命科技的进步,引发了一系列的伦理学问题,并与伦理学产生了激烈的冲突。为了保护人的生命和健康、维护人格尊严、尊重和保护研究参与者的合法权益,促进生命科学和医学研究的健康发展,规范主要涉及人的生命科学和医学研究伦理审查工作。2019年《生物医学新技术临床应用管理条例(征求意见稿)》提出,生物医学新技术对于"新"的两个限定是指完成临床前研究的,拟作用于人体细胞、分子水平的并且尚未应用于临床的。《中华人民共和国人类遗传资源管理条例》体现了坚持人类遗传资源活动管理和促进并重、坚持立足中国实践和借鉴国际规则相结合、坚持问题导向与注重法律规定相结合的具有针对性和可操作性的思路和原则。

对人类受试者的保护体现在我国《人胚胎干细胞研究伦理指导原则》第五条、第六条。这两条规定，分别对人胚胎干细胞研究的研究材料获取方式和研究方式作出了限定，试图用此类限定规范研究者的研究行为，保护人类受试者的合法权益，维护科学伦理。对动物的保护体现在《关于善待实验动物的指导性意见》第二条及第六条，第二条侧重规定善待实验动物的标准，而第六条侧重善待实验动物的"减少、替代、优化"的"3R"原则，但是这一指导性意见的效力过低。

第二，医药科技领域相关伦理规范。近年来，医药产业创新力量崛起，医药产品具有极强的商品性和社会性，在追逐其合理价值和价格的同时，医药产业还需要承担相应的社会职责。医药科技领域工作者作为人类健康的守护者，必须奉守科学精神和原则，遵守法律法规，严守学术伦理，正确处理好医药领域发展和伦理规范之间的关系，推动医疗科技领域真正服务于人类的健康和福祉。目前，对于伦理准则的认识和推广应从中小企业层面上升至国家层面，加强国家间生物医药产业的合作与交流，关注全球社会价值的伦理规范，从而引领、指导医药行业的健康发展。

第三，生态科技领域相关伦理规范。国内在一些法律法规中对生态科技领域的伦理有比较详细的规定。譬如，《中华人民共和国环境保护法》第六条指出："一切单位和个人都有保护环境的义务……企业事业单位和其他生产经营者应当防止、减少环境污染和生态破坏，对所造成的损害依法承担责任。"第三十条针对开发利用自然资源提出了合理开发、保护生物多样性、保障生态安全以及依法制定有关生态保护和恢复治理方案等要求。因此，科研机构应当承担保护环境、督促科研人员制定方案时勇于承担合理利用资源环境的责任。

第四，人工智能科技领域相关伦理规范。以人工智能为代表的一系列智能技术蓬勃兴起，对人类社会的诸多方面均产生了深刻影响，推动整个社会逐步迈入智能化时代。同时，人工智能技术可能带来的负面影响也引起了科学界的激烈辩论以及社会大众的重点关注。为应对人工智能等新科技迅猛发展带来的伦理挑战，2022年我国明确了"增进人类福祉、尊重生命权利、坚持公平公正、合理控制风险、保持公开透明"等五项科技伦理原则。这些原则基本涵盖了人工智能伦理原则的要求，彰显了科技向善的文化理念。在人工智能标准制定中，除了在一些关键领域制定推荐性标准，尤其要注重隐私权、安全性、可解释性、可追溯性、可问责性等标准的制定,还应加强对人工智能伦理准则的宣传贯彻。《新一代人工智能伦理规范》充分考虑当前社会各界有关隐私、偏见、歧视、公平等伦理关切,针对人工智能管理、研发、供应、使用等活动提出了基本伦理要求和特定伦理规范。《新一代人工智能伦理规范》指出,在使用规范方面,应提倡善意使用,避免误用滥用,禁止违规恶用,及时主动反馈,提高使用能力;在研发规范方面,应强化自律意识,提升数据质量,增强安全透明,避免偏见歧视。

第五,动物科技领域相关伦理规范。辛格认为:"动物与人一样具有感知痛苦和享受快乐的能力——感觉能力。凡是具有感觉能力的人和动物都有平等考虑的道德利益,一切人和动物都是平等的。"[①]国际上对动物实验伦理有一些普遍性的要求——动物居住空间应符合标准;尽可能地采用代替法,最少地使用和牺牲动物;实验前应进行训练,尽可能减少动物的恐惧和不安;实验结束和动物不可能恢复时,应采取安乐死等。相比之下,自1988年《实验动物管理条例》颁布以来,我国在生物医学和动物科技领域取得了重要成果,为保证国家生物安全和人民健康提供了重要支撑。依据涉及实验动物的前沿科技领域国际合作和规范治理的现实需要,科技部在2006年发布了《关于善待实验动物的指导性意见》,这对保障实验动物福利改善、促进实验动物科学研究的规范化管理和伦理治理等都产生了积极影响。2021年8月3日,科技部向社会发布《中华人民共和国实验动物管理条例(修订草案 征求意见稿)》,其中最显著的变化是将"安全管理"和"福利伦理管理"作为单独章列出,很好地回应了新时代生物科学研究面临的治理挑战和问题,必将对国内生物科技的创新发展和伦理治理等产生重要影响,并将引导和推动国内的科研单位和科技工作者自觉从事高质量和负责任的生物技术研究与创新。

二、科技伦理准则

科技伦理准则不仅为科技伦理政策制定者提供决策参考,而且为科技伦理执行者、科技伦理管理者提供执行办法和管理方法的支撑,同时也有助于深化公众和科技人员对科技伦理问题的认识。此外,科技活动伦理治理也必然涉及评

---

① SINGER P. *Practical Ethics*[M]. 2nd ed. Cambridge:Cambridge University Press, 1993:55.

估权的行使,因而必须考虑科技伦理准则的规范运行问题,而规范科技行为的最佳手段是明确科技伦理准则,研究关注公众和科研人员的法律权利,对于保证评估程序合理运转、规范伦理行为具有实际价值。

(一)科技伦理准则的主要内容

西方学者很早就意识到,科学家应该注意某些道德规范,譬如,柏拉图、德谟克利特、赫拉克利特都有明确的道德规范,其基本特征表现在五个方面。一是重视科学知识,鄙视功利金钱。二是强调对自然的关注,强调对实验的观察。古代的科学家们提倡向自然取经,他们对天象、生命等进行了细致的观测,并以解剖学的方法开展了科学研究。三是主张为国效劳。国家利益比个人利益更重要,每个人都有为国家谋福利的义务。四是提倡谦虚谨慎、自我批评。科学家们较早提出"不能自以为是""自满是进步的退步"等观点,认为有了成绩不应自满,更不应到处炫耀。五是实行科学保密。当时的科学家非常注重对科研成果的保密。

虽然这些规定涉及的领域不尽相同,但是其背后却蕴含共同的价值观,有些准则标准甚至贯穿所有的"规定"。科研人员在科研活动中需要牢牢把握和遵守四项基本的科研伦理准则,即尊重准则、不伤害准则、有利准则和公正准则。[1]首先是尊重准则。在科研活动中,要尊重人的尊严、自主性、知情同意权和隐私权。其次是不伤害准则。这一准则的要求是,在临床试验之前,需要进行风险评估与权衡利弊。科研人员并不能保证临床试验一定会成功,因而要进行风险评估,从而建立伦理评审委员会。再次是有利准则。科研成果需要对人类的科技发展起到积极的推动作用。而科研成果要产生社会效果,需科学地、客观地看待其潜在价值和利益。从这个角度出发来研究科技伦理问题,要求在开展临床试验之前,对研究方案的利害关系进行权衡,再对其进行"风险—收益"分析,以科学的、可预期的收益来解释可能存在的风险。最后是公正准则。科研人员在进行科研活动的过程中,必须始终坚持正义与公道,公平合理地分配科研资源。譬如,在选择那些需要承担一定风险的对象时,科研人员要公平地去招募与选择对象,而不

---

① 参见：BEAUCHAMP T L, CHITDRESS J F.*Principles of Biomedical Ethics*[M].New York：Oxford University Press(USA), 2013:20−80.

只是在弱势群体中进行选择。另外,研究的负担和收益要在不同国家、群体之间进行公平分配,这样才能最大限度地保证研究成果的公正性。

(二)优化科技伦理标准的主要方式

第一,法律法规是科技伦理规范优化的有力保障。法律法规是规范科学技术相关活动以及行为的重要形式。具体可以从两个方面健全科技伦理规范与标准:在法律层面上,要明确科研行为的法律底线,制定严格的技术规范,保证研究与发展中的安全,降低研发中的风险;要消除公众的疑虑,保护受试者的权益。科技相关的法律法规是科技活动赖以进行和发展的重要支撑。科技法律法规涉及的科学技术领域十分广泛,主要包括政府科技职能、科技计划、科研机构、科技投入和重要科技领域的发展、技术转移以及新兴技术的法律问题等,对科技活动具有明确的导向和规制作用。

第二,建立有效的舆论监督机制同样至关重要。新闻媒体对科学领域越轨行为的报道,往往能够引起公众的广泛关注,形成正确的社会舆论,从而发挥监督作用。为保证当代科学研究沿着道德化和人性化的方向发展,应在全球和国家层面建立和健全科技伦理审查委员会。这些委员会的职能是确保科学研究活动符合伦理原则的要求。此外,对于科技应用的后果,应进行持续而全面的跟踪和评估,及时发现问题并作出符合伦理原则的适当限制。对于违反职业道德的研究者和开发者,需进行公开查处,并向公众客观、全面地介绍科技活动的实际影响,以缓解现代科技给公众带来的各种心理恐慌。通过这样的机制,可以有效地监督和规范科学技术的发展,确保其朝着有益于人类福祉的方向前进。

第二节　科技伦理审查和监管制度

2022年3月,中共中央办公厅、国务院办公厅印发的《意见》中明确提出"强化科技伦理审查和监管",包括严格科技伦理审查、加强科技伦理监管、监测预警科技伦理风险、严肃查处科技伦理违法违规行为。科技伦理审查和监管是科技伦理治理中的重要组成部分。当今社会,从智能设备的信赖利益,到大数据、人工智能发展中对个人隐私的涉及,以及生物试验、化工、核能等诸多领域的科学研究,都存在伦理争议问题需要解决。科技伦理委员会的建议,能够为明确科技伦理准则、科技伦理审查标准提供制度保障。通过事前审批、事中监督和事后跟踪,对科学研究、科技产品开发和利用等工作进行监管,实现对科研工作者伦理问题的终身追责,从体制机制建设的源头杜绝违背科技伦理的行为。随着产学研用深度融合和一体化发展,科技伦理审查和监管的真空地带越来越多,扎实推进科技伦理审查和监管的制度化建设比以往更为必要和迫切。有必要构建体系完整的科技伦理审查和监管制度,通过新制度的安排强化监管机构的横向联系,不断扩大科技伦理领域的监管覆盖面;完善科技伦理规制和监管程序,使监管过程有理有据、有机衔接,实现对新技术从基础研发到产业应用的全过程监管。

一、科技伦理审查制度

现代科技,譬如人工智能、基因编辑等,都是一种理性的、中立的、没有"责任心"的工具,无法对人的价值和尊严作出判断,人们也无法从法律的角度将其视为危险的源头。作为科技伦理的"守门人",伦理审查应当为科技伦理的发展提供护卫和动力。鉴于科技伦理规范的复杂性、多变性和不确定性,应该以实现科技向善为目标导向,构建具有更高风险预防效率的伦理审查制度体系及运行机制,从而为科技向善提供更可靠的理论基础与制度保障。

(一)科技伦理审查的内涵

科技伦理审查,是指在科技涉及的相关领域,以伦理审查委员会为主体,根据伦理准则以及法律法规,对科学研究及其成果应用进行审查。科技伦理审查是科技工作者开展研究、进行自主创新的重要防线,也是科技工作者获得高质量科学研究成果的一道"安全锁"和一道"防火墙"。[1]科技伦理审查可以有效地解

---

① 参见:李建军.如何强化科技伦理治理的制度支撑[J].国家治理,2021(42):33-37.

决科学技术的"工具理性"价值和人类社会的"道德观"的矛盾。[①]习近平总书记曾指出:"要前瞻研判科技发展带来的规则冲突、社会风险、伦理挑战,完善相关法律法规、伦理审查规则及监管框架。"[②]因而科技伦理审查是科技伦理治理中的一个关键环节,是科技伦理治理的一个基础性的制度。

当前,在生命科学领域普遍采用的科技伦理监管机制,主要是针对涉及人、动物等具有高伦理风险的科技活动,并逐步延伸至人为管理等与科技伦理密切相关的其他领域。在世界范围内,为了将科技伦理指导原则和准则落实到实际工作中,有效地处理和解决在生命科学发展、医疗实践等过程中出现的伦理价值冲突问题,并对受试者进行有效的保护,通常都会采用由伦理审查委员会通过的正规的伦理审查制度。从伦理上审查、监管科技人员开展的课题研究、实验设计以及研究成果发表等,更多地保护受试者的权益,以有效地规范日益增多的科技伦理行为。

(二)科技伦理审查的原则

对于一贯认可的科技伦理原则而言,"尊重、获益、不伤害和公正"[③]已经深入人心,但是,如何将这四条伦理原则贯彻到伦理审查实践工作中,其落实推进仍存在不足。因此,需要对这些原则进一步细化,使其更贴近伦理审查实践。

第一,知情同意原则。受试者拥有自主选择的权利,并且不会受到任何势力的干扰、欺骗、挟持以及通过其他隐秘的方式进行的胁迫。应使受试者充分地了解实验的性质、持续时间及实验的目的,以方便其作出积极的决策。同时,还应告知受试者可能遭遇的麻烦与危险。虽然知情同意原则已成为相关领域人员所普遍认可并遵循的原则,但如今被再次提出,这在一定程度上赋予知情同意更深层次的含义。在科学研究过程中,应充分重视科技人员的自主权等基本权利。需要严格执行知情同意程序,严禁利用欺骗、利诱、胁迫等手段使受试者同意参与研究,这就需要科技人员在研究方案中充分说明知情同意的程序与流程。在科技伦理审查的原则中,知情同意是第一个关键原则。

---

① 参见:陈书全,王开元.国家治理视域下科技伦理审查的制度路径[J].科技进步与对策,2022,39(18):110-120.

② 习近平.在中国科学院第二十次院士大会、中国工程院第十五次院士大会、中国科协第十次全国代表大会上的讲话[N].人民日报,2021-05-29(2).

③ 白惠仁.科技伦理中的原则主义[J].道德与文明,2023(1):54-63.

第二,控制风险原则。2016年颁布的《涉及人的生物医学研究伦理审查办法》,在"控制风险原则"中不仅提及个人风险,还特别强调个人风险与社会利益之间的关系。该办法指出:"首先将受试者人身安全、健康权益放在优先地位,其次才是科学和社会利益,研究风险与受益比例应当合理,力求使受试者尽可能避免伤害。"由此可知,牺牲受试者个人安全和健康权益、只为获得科学和社会利益的临床研究行为是不被允许的。由此可见,以受试者的生命安全与健康为代价的临床试验是绝对不被接受的。政府十分重视受试者的权利,将受试者的权利置于最重要的位置。在科技伦理审查方面,应尽可能地避免因关注科研机构的成就和影响,而忽略了某些被试者的利益。

第三,免费和补偿原则。免费和补偿问题是科技伦理委员会在审查过程中经常讨论的一个重要内容。《涉及人的生物医学研究伦理审查办法》从"对受试者参加研究不得收取任何费用"到"对于受试者在受试过程中支出的合理费用还应当给予适当补偿"的规定,已经对受试者参与研究的费用及相关补偿作出了较为明确的界定。这一原则旨在防止科研机构以研究名义向受试者收取不合理费用。根据该原则,除试验对象原本需要进行的常规检测和治疗外,所有与试验相关的费用应由研究方承担,不得向受试者收取。同时,如果受试者在参与实验过程中遭受了损伤或权益受损,应得到适当的赔偿,如交通费、劳务费等。这些规定有助于保障受试者的权益,确保他们在参与科研活动时不会因经济因素而受到不公平对待。

第四,保护隐私原则。科研项目必须如实向受试者告知其个人信息的储存、使用及保密措施,未经授权不得将其个人信息泄露给第三方。该项原则强调了受试者个人信息保护的重要性,确保信息的存储和使用过程严格遵循保密措施,并明确受试者对其信息处理的知情权。虽然这与其他国内法律法规的要求相似,但特别突出了对受试者隐私的保护和知情权的保障。这一原则旨在增强受试者对研究的信任感,保障其个人隐私不受侵犯。

第五,依法赔偿原则。受试者在参与科研过程中如果出现遭受伤害的情况,除了应得到及时、免费的治疗之外,还应按照相关的法律法规和协议获得相应的补偿。这一原则要求在以后的科技伦理审查过程中,需要督促研究者在遇到受试者遭受损害的时候,应先给予及时治疗,然后根据法律法规和合同约定给予一定的赔偿。在未来的知情同意书中,将会频繁使用相似的措辞。

第六,特殊保护原则。这一原则是针对弱势群体的保护提出的,包括儿童、孕妇、智力低下者、精神障碍患者等。在科技伦理审核工作中,科技伦理委员会应要求对这些弱势群体采取特别的保护措施。在项目审核时,若研究涉及的对象为弱势群体,首先要评估是否仅此群体适合完成该研究。如果可以选择其他人群,则应优先选择普通人群。此外,若实验必须涉及弱势群体,伦理委员会需评估研究人员是否为这些群体提供了足够的特别保护措施。譬如,对于儿童受试者,必须确定其合法监护人是否签署了知情同意书,并尊重儿童本人的意愿,特别关注其未来可能面临的伦理风险。对于智力障碍者或精神残疾者,应特别注意确保他们自愿参与研究。确保对易受侵害群体的有效保护,是科技伦理审查过程中必须关注的一个重要方面。这不仅体现了对弱势群体的尊重和关怀,也有助于确保研究的道德正当性。

(三)科技伦理审查的制度构建

伦理审查机制不断向科学技术领域扩展,而且在国家、部门、科研机构等不同层面展开。为了确保人类科研活动恪守伦理道德底线,科技伦理审查制度可以从六个方面进行建构。

第一,确立以"风险预防"为核心的审查原则。新兴科技领域具有高风险的特征,且损害预防原则在应对未知风险中时存在功能的局限性,因此,风险预防审查原则与伦理审查制度所代表的科研活动中最基本的社会公共利益相匹配,这对于防止科研活动中可能存在的伦理道德问题和不可挽回的损害是有利的。以审慎为核心的风险预防原则与科技伦理审查制度的基本框架一致,主要体现在四个方面。一是科学研究活动的客体是人或者其他重要的权益主体,而权益主体的重要性意味着有必要以更为谨慎的态度来控制科研行为。二是科学研究的成果具有不确定性,对研究对象有好处,也可能有坏处。三是参加研究活动的各方都对可能获得的利益和可能造成的损失有着一定的了解。尤其是在高风险的新兴技术领域,科研人员需要提前知晓其可能产生的危害,并对其进行补救和补偿,而且研究对象也需要完全知情同意。四是由伦理审查员对研究成果的可行性、资料的真实性等进行客观、公正的评估,并根据研究成果可能产生的利益或损失的程度,对研究成果进行审慎、科学的评估,以确定研究能否继续。在科技伦理治理系统中运用"风险预防"原则,要求对科技伦理进行审查时,不能仅基于对社会利益的期待而忽略个体自身的风险,科技伦理评价应该从科学道德的角度对科学研究进行约束。简言之,在不能确定科研试验的进行会不会给受试者的人身安全和社会伦理道德带来危险的时候,就应该采取必要的控制措施来阻止科研项目的进行,不允许或者限制该项目通过伦理审查。

第二,规范科技伦理审查的程序。一是在科学研究中适当增加"盲审"这一环节,通过对科学研究课题的初筛,提高科学研究成果的质量,改善科学研究的不合理规模,同时尽可能降低项目成本。科技伦理审查可以与高等学校、科研机构的论文审查方法相结合,借助互联网技术,构建一个科技伦理在线审查平台,与具备审查资格的区域伦理委员会进行联系,并随机选择评审人员,然后对匿名申请者所提交的研究资料进行事先的书面审核,从而将那些在目前仍然存在很大争议的研究成果剔除出正规的集中伦理审核过程;同时,也可以利用互联网平台的数据统计能力,对国内所有的研究成果进行全面的搜集和数据分析,并利用人工智能技术,建立一个大数据伦理审核模型。二是扩大伦理风险分级的应用范围,将分级评估的思想应用于更广阔的技术领域,为评估人员提供更多有效的评估渠道和参考。这种分级、分程序实施审查的思路,反映了由"一视同仁"的评审过程向分级的程序化评审过程的转变。除了对遗传技术进行伦理风险分级之外,还需要对高危技术的应用场景进行更细致的分类。三是进一步完善听证申请、回避、告知等程序。在科技伦理审查的复议程序中,可以将伦理专家委员会纳入其中,并对有关制度的启动和参与过程进行详细的规定,以保证申请人和利害关系人拥有充分的抗辩空间和异议权,从而可以有效地对抗伦理审查权的滥用或不作为。四是针对紧急情况,譬如突发公共卫生事件,制定紧急情况的评估机制,简化并归类流程以提升伦理应急的反应速度与工作效率。

第三,强化科技伦理审查的监督与制约。一是增设审核制度,建立高风险的科技行为列表,着重对它们开展审核。经单位科技伦理委员会审核之后,各地区和有关行业主管部门要组织专家对高风险科技活动的伦理审查结果进行复核。二是要充分发挥不同主体的监督权,构建相关的信息反馈机制,完善相关的权利救济体系。同行科学家对科技成果进行审核,然后将它们发布到社会,从而引发一定的社会舆论关注。在此基础上,政府部门能够快速了解舆情,并及时采取相应的应对措施。这一非常规的"专家警示—社会关切—政府应对"模式,可在未来的机制设计中,形成一种常态化、制度化的状态。同时,也应准许那些受侵害的有关主体提起行政复议和行政诉讼,并进行对公益诉讼的探索。

第四,加快科技伦理审查立法的进程。一是要加速科技伦理审查的规范性文件的制定,对科技伦理进行全面的规范,使科技伦理具有更强的普遍性和强制性,同时力争与国际上的科技伦理道德标准相适应。运用法律的方式减少科学技术发展中的不合理及风险因素。通过行政法规、国家有关规定等形式将科技伦理规范全面地融入法制体系之中,确保"不得危害人体健康,不得违背伦理道德,不得损害公共利益"等原则能够得到有效贯彻落实。二是将科技伦理审查的应用范围扩大至生物医药以外的其他新兴技术,以更好地应用于多维度、多领域的科技伦理治理。三是对科技伦理审查的标准、范围、责任等问题给予详细规定。从本质上来看,这更贴近于科技伦理审查的改革理念,为科技伦理审查的权利赋予方式、审查程序、判断标准、救济机制等方面提供更为精细的行为规范与裁判依据,为科技伦理审查的争议问题提供更为清晰的制度支撑。

第五,促进科技伦理审查经验的交流。建立多学科合作的科技伦理审查。充分利用科技领域的相关专业知识,为科技伦理审查工作提供有价值的参考,以指导科技伦理审查工作。同时,探讨跨部门合作范围、内容等,譬如科技伦理审查结果的相互认可,将科技人员的伦理审查能力延伸至多领域的科研单位,从而提升科技伦理审查的质量与效率,更好地服务于科技创新事业。进一步明确区域科技伦理(审查)委员会的独立性法律地位,对它与科研机构、监管部门之间的工作与衔接进行梳理。

第六,完善科技伦理跟踪审查。跟踪审查是科技伦理审查流程中不可或缺的一环,这是由于科学试验造成的伤害可能有一定的风险潜伏期,伤害后果的发生是一个逐步累积的过程,在其中不可避免地会牵扯到更多人的权利盈亏(譬如受试者的家属、权利继受人等)。一方面,应从法律、行政法规等层次,对跟踪审查进行专门规范;另一方面,提高科技伦理委员会成员对审查结果的追踪能力。科技伦理委员会成员的素质与能力的提高,将为后续审查的质量提供有力的保证。为了保证科技伦理委员能够有效地履行其对伦理审查的监督责任,应当明确伦理委员的审查资格。

二、科技伦理监管制度

在科技运行过程中,政府和市场是一对基本相对的关系。长期以来,国内对于政府激励过分重视,而忽略了市场对科技资源配置的决定性作用,导致科技伦理治理运行机制不顺畅。在科技伦理治理机制优化中,需要逐步解决科技领域市场体系不完善的问题,保障科技伦理监管到位,推动科技伦理监管机制正常化、长效化,这是必然的发展方向。

(一)加强科技伦理监管部门之间的协调,促进信息共享

科技部门牵头构建科技伦理监管工作的定期沟通及协调机制,对多个监管涉及部门进行统筹和协调,制定监管工作的年度计划和方案,明确监管工作的对象、时间、方式、实施主体和结果要求等,同时规范监管工作的具体标准并向社会公示。各监管部门应按统一规定,将监管结果及时上报,并将监管结果录入到国家科学技术管理信息系统中,以实现科技伦理信息的共享。强化监管工作与审计、监察等工作之间的协调与配合,促进不同工作的衔接与成果共享,努力形成工作合力。对科技创新活动中的每一环节,譬如选题、规划、研究、实验等,依据科技伦理监管条例进行全过程跟踪、纠正,从而保证科技创新活动的正当有序开展,防范利用科技作恶的行为,最终实现科技向善发展的目标。

(二)明确并强化科技伦理专家委员会在监管体系中的地位与作用

与承担一般性监管职责的行政主管部门相比,科技伦理专家委员会具有更专业的技术知识与伦理鉴别能力,能够准确把握项目是否符合伦理基准。应进一步赋予科技伦理专家委员会更多的诸如备案审查、申请人异议审查等监管责任,令其严格按照科技伦理审查批准的范围开展研究。加强科研项目负责人对团队成员和项目实施的全过程管理,同时在发布、传播和应用涉及科技伦理敏感问题研究成果的阶段,应当遵循有关的规定严谨审慎。对于违背科技伦理要求

的成果,应主动报告、坚决抵制。在日常的科研工作中,可采用个别谈话、写保证书、亮黄牌等做法适时提醒,以促进、引导和保障科学研究沿着健康规范的道路不断前进。

第三节　科技伦理风险监测预警与处置机制

在现代社会中,一切生产和生活都离不开科学技术。科技既影响着人类的现实生活,又在一定程度上影响着人类的价值观念。科技作为一种特殊的人类行为的产物,其自身也存在着一些隐患,特别是其不合理使用所带来的负面影响。以人工智能为例,随着计算机技术、大数据技术的迅速发展,机器越来越"智能",可以进行自我学习、自我完善和自我提升,这使得"智能"被人为地赋予更多的情感色彩,因而从技术"开端"开始,对伦理道德问题给予高度关注,无疑是十分必要的。在新科技发展过程中,不仅会存在"用之"与"不用"的两难选择问题,还将面临"被利用"和"被支配"的疑难困惑,这使得人类有必要积极应对科技发展伴随的诸多风险,将各种风险控制在个人和社会所能承受的范围之内,避免使其转化为真正的社会危害。要确立和倡导科技伦理治理的价值规范,第一时间在科学技术活动中介入伦理价值的维度,处理科技伦理风险所带来的不良后果。进一步地,要求构建科技伦理风险监测预警与处置机制,兼顾风险识别、风险评估和预案完备三者之间的平衡,形成权责一致和规范清晰的科技伦理风险处置制度,以此回应科技伦理风险源头防控的诉求。

一、科技伦理风险监测预警机制

科技伦理风险监测预警可以理解为向社会发出一种预警信号,告知公众某种科技的出现将对其生活、财产以及社会公共安全造成威胁。科技伦理风险监测预警是保障人民生命财产安全、社会公共安全的第一道防线,需要为决策者提供及时、准确的情报,使社会公众清楚地了解到领导和决策层为解决科技伦理风险所采取的各项措施。在对科技伦理风险进行识别的基础上,积极地行动起来,争取取得最佳的防御效果。各级行政主管部门、科技伦理委员会成员应加强对伦理委员会工作的指导和监管,通过颁布政策规章、提供咨询建议、实施检查评估等方式,促使伦理委员会工作的守正纠偏、补短增强,不断提升科技伦理风险监测预警能力。另外,可引入独立的第三方机构进行监督,通过持续跟踪新兴科技发展前沿动态,对科技创新可能带来的规则冲突、社会风险和伦理挑战等加强研判,并提出相应的解决对策。

(一)科技伦理风险信息辨识

在创新时代,科学技术活动表现出了复杂性与功能渗透性。科技伦理风险是一种客观存在的现象,这一现象存在于科技和社会、经济活动等多元主体之间的利益和责任博弈之中。因此,对科技伦理风险信息进行辨识显得尤为重要,这是对科技伦理风险进行评价和处置的前提。风险信息辨识是指通过认识、判断、分类等方式,区分真实或可能存在的危险。只有对所面临的伦理风险有了正确的辨识之后,才能积极地选择合适而有效的治理方式。科技伦理风险信息辨识指的是系统地、连续地识别和记载可能会对项目研究以及相关的人和物等产生负面影响的因素,其中包含一系列与项目研究有关的过程、参与者和存在的问题,并从中找出风险信息的来源及产生条件。通过风险信息辨识,能够认识并发现所考察的某科技活动在一定时期内遭受某类风险损失的潜在隐患。具体来说,科技伦理风险信息的辨识,主要是对科技伦理风险的来源、类型及影响因素进行分析,通过对相关危险征兆的描述,分析危险事件的不同状况与表现。因此,辨别、分析科技伦理风险信息,以判断其是否能够被接受,从而为防控风险奠定有效的基础。

从风险信息来源看,科技伦理风险信息辨识主要包括两个方面:一方面是科技伦理内部风险信息辨识,包括技术风险、环境风险、市场风险、生产风险、财务风险、人员风险等;另一方面是科技伦理外部风险信息辨识。总体上,科技创新是一个复杂的过程与行为体系,不仅有主、客体等因素的影响,还有主客体之间的互动因素,因此需要对其中的伦理风险因素进行综合辨识。科技伦理风险信息辨识具有三个基本特点。一是系统性。除了科技创新本体存在风险之外,科技伦理风险通常是其他风险转化的结果,通常与资产风险、人力资本风险等紧密地联系。不能仅靠专业人士来确定伦理风险因素,虽然专家对于科技伦理风险因素的认知程度相对于一般社会公众而言较高,但风险具有多面性,在识别过程中需要多主体共同参与,全方位、多层次、系统性地提升认知和分析伦理风险信息的能力。二是贯穿性。科技伦理风险信息辨识不是某一个环节、某一个阶段的工作,而是贯穿科技活动立项、研发、生产、销售到消费等全过程,特别是当科技产品通过创新进入消费环节之后,科技伦理风险信息的辨识显得更加重要。科技伦理风险信息辨识是一个不断变化的、动态的过程,它要求人们在科技伦理风险发生之前和之后,对事件、过程、现象、后果展开观察、记录和分析、监控,并对风险及损失的前兆、风险后果和各种原因进行评估与判断,找出主要原因进行认真检查。从某种意义上说,科技伦理风险是存在于从立项到消费的全过程的。因此,科技伦理风险信息辨识应贯穿科技活动的整体过程,贯穿科学研究、技术开发、工程建设、科学管理、市场营销等阶段。三是多变性。必须密切注意外部环境的改变。在创新过程中,科技活动与人们的生活、生产和市场有着密切的联系,社会的政治、经济等外部环境的改变都会对科技创新的成败产生影响。现有的法律法规和生活经验都是对科技伦理风险信息进行辨识的基础。

(二)科技伦理风险信息评估

任何风险都有其成因,而科技伦理风险信息评估就是要通过对特定事件的分析,尽可能地将风险预防到最大程度,从而预测和控制科技活动可能带来的伦理风险危害。在风险社会中,科学技术是人类生存的重要手段。科技伦理风险事件一旦发生,就会造成一定的社会影响,这就要求对科技伦理风险信息进行全面的评估,并将它纳入风险评估机制之中。对于科技伦理风险事件及带来的危害,必须作出科学的伦理评估。因此,在对科技伦理风险信息评估中,应坚持以预防为主,以人为本,尽力对风险进行制度性约束,构建整体性的科技伦理风险评估机制。在具体的科技伦理风险事件中,政府、科技人员均为主要参与者,因其特殊的社会地位、相对丰富的科技信息与伦理专业知识,其对科技伦理风险信息的评估处于主要地位,同时社会公众也应参与其中,这对于科技伦理危机的化解、社会风险效应的控制尤为重要。因而科学评估科技伦理风险信息的合理性与正确性,保证评估过程的流程完善、规范是非常必要的。

(三)科技伦理风险预案完备

由于科技伦理风险事件具有极强破坏性、快速扩散性等特点,面对突如其来的风险事件,有必要制订相应的应急预案计划。在科技伦理领域中,针对各种突发风险事件,总体指导方针是:一方面是预先警告、预先介入,对科技伦理风险信息展开有效的识别、监控,强化对伦理风险因素的严格控制,并采取积极的、有效的措施,尽可能减少发生重大科技伦理风险事件的概率;另一方面是高效应对,通过启动应急响应流程,快速、有效地开展应急工作,将科技伦理风险事故、财力损失降到最低。在制订应急预案时,应遵循如下基本原则:预防为主、防救结合,统一指挥、分级负责,系统管理、高效协调,资源整合、社会联动,以人为本、持续发展。

二、科技伦理风险处置机制

科技伦理风险的生成与演化具有一定的复杂性、隐匿性和多变性,但也能通过有效措施进行防控,从而建立起科技伦理风险处置机制,重点是要根据不同的风险等级以及影响风险形成的因素,有针对性地采取风险处置措施。具体地,可从多主体参与的科技伦理风险交流平台、科技伦理风险惩处的规章细则和科技伦理风险事故的问责与追究制度三个维度进行讨论。

(一)搭建多主体参与的科技伦理风险交流平台

不同的群体在面对风险时,通常会根据自己的认知状况而产生不同的应对方式。普通公众缺乏科技专业知识、实时资讯,有时无法准确地作出适当的判断,譬如,普通人在判断科技风险时,由于认知局限,容易对可能具有致命性的技术危害产生过低的安全预期。而科技工作者虽然有一定的专业知识,能够做出比较理智的判断,但也可能因为职业的限制,而忽略大众的接受能力。在这种情况下,科技伦理风险治理需要专业人士和社会公众的共同参与。公众之所以能够参与,并非由于其具有特定的专长,而是由于其本身也可能对伦理风险治理决策产生影响。公众借助专家的科技知识,以一定的科技信息为依据,对伦理风险治理中的利益和价值进行评估,并尝试在争论中形成共识。政府作为一个拥有公共权力的行政组织,能够在科技工作者与普通公众之间搭建一个科技伦理风险交流平台,充分沟通不同主体之间的科技信息,及时有效引导社会舆论。

有效的科技伦理风险交流平台是多主体参与的。作为科技伦理风险公共域的信息平台,它为科技工作者的专业知识和大众知识的交流提供了交流途径。在风险公开域,任何关于科技成果运用的疑问都能被发现和讨论。有了专家参与科技伦理风险治理,讨论就更具有科学性和合理性。平台能够将"专业词汇"转化为"大众语言",在"专家知识"和"公民素养"两个层面建立起一座桥梁,在此基础上进一步完善大众的科技伦理风险认知,丰富大众的科学知识,提高大众的伦理素养。平台可以在公众与专家之间以及不同的观点和价值立场之间,形成一种相互的、有效的沟通与辩论,而这种沟通与辩论的目的,在于充分考虑不同主体的偏好,在多元理性的基础上达成共识。进一步地,在对风险信息进行识别、评估和预防的整个流程中,强化不同主体之间以自己的知识为基础的意见表达和谈判,以实现对科技伦理风险信息的准确预判和科学处理。

(二)完善科技伦理风险惩处的规章细则

中共中央办公厅、国务院办公厅印发的《意见》中强调,任何单位、组织和个人开展科技活动不得危害社会安全、公共安全、生物安全和生态安全,不得侵害人的生命安全、身心健康、人格尊严,不得侵犯科技活动参与者的知情权和选择权,不得资助违背科技伦理要求的科技活动。相关行业主管部门、资助机构或责任人所在单位要区分不同情况,依法依规对科技伦理违规行为责任人给予责令改正,停止相关科技活动,追回资助资金,撤销获得的奖励、荣誉,取消相关从业资格,禁止一定期限内承担或参与财政性资金支持的科技活动等处理。科技伦理违规行为责任人属于公职人员的依法依规给予处分,属于党员的依规依纪给予党纪处分;涉嫌犯罪的依法予以惩处。《中华人民共和国科学技术进步法》也明确提出,若有科技人员违反科技伦理开展科技活动,科技人员所在单位或有关主管部门要责令改正。

(三)落实科技伦理风险事故的问责与追究制度

建立一套标准的科技伦理风险事故责任体系。在不同的流程管理模式下，明确不同部门的权限与各自责任，将权力、责任有效结合起来，否则就会出现越位和缺位现象。根据"有错必纠"的原则，惩罚是为了达到惩前毖后、治病救人的目的。因不能及时、正确地履行自身的职责而导致工作效率降低，从而引发科技伦理风险事故的，应当对事故中所涉及的部门、单位和人员进行问责。针对不同的责任主体，需要制定详细的规则，让执行力弱或者扰乱科技伦理的部门、单位和人员为自己的不当或错误行为承担责任。

利用声誉机制采取科技伦理风险的合作式控制。声誉机制是指一种基于重复关系、依靠博弈各方所形成的声誉，对出现的欺诈、违约行为实施惩戒的机制。科技伦理风险的声誉机制以提高失信成本为基本出发点，保护诚实守信的单位、个人以及第三方机构的合法权益，使失信者的声誉遭到破坏、受到适当处罚，负起相应的责任、付出巨大的违约代价，从而有效地预防和惩治科技伦理风险事故。

强化科技伦理风险的纪检督察工作。构建阶段性的科技伦理绩效评估与风险抽查制度，对科学研究和科技开发、利用实施过程中的关键节点、关键部门、重大项目、重点区域、共性问题等进行专项调研、检查和监察，不断深化科技伦理绩效监督与行政问责机制建设。同时强化社会监督和媒体监督作用，拓展行政部门的科技伦理监督渠道，进一步加强对违反科技伦理责任规定的处罚，使伦理风险控制机制受到社会监督。

第四节　科技伦理宣传教育机制

加强科技伦理宣传教育是顺应新一轮科技革命和产业变革的必然要求，也是引导科学研究、技术研发和社会发展朝正确方向前进的必然要求。《意见》对深入开展科技伦理教育和宣传提出了具体要求，强调抓好重点领域、重点群体、重点项目和重点单位的科技伦理宣传教育。

一、科技伦理教育机制

基于现代科技的深刻现实变革力和高度的价值敏感性,新时代的科技伦理教育应直面科技实践,坚持治理导向。具体而言,应以培养学生的科技伦理意识、负责任的科技创新能力为主要内容,以指导学生正确理解科技、伦理与社会发展之间的关系为核心目标,以探索解决伦理难题、化解科技风险为实践要求。总之,通过系统而完整的教育体系,引导学生树立起一种强烈的科技伦理意识,培养学生应对伦理难题、化解科技伦理风险的实践能力。

(一)科技伦理教育的政策导向及价值

2022年3月,中共中央办公厅、国务院办公厅印发的《意见》指出:"将科技伦理教育作为相关专业学科本专科生、研究生教育的重要内容,鼓励高等学校开设科技伦理教育相关课程,教育青年学生树立正确的科技伦理意识,遵守科技伦理要求。"[①]高等学校是科学技术发展的主要载体,也是培养科学技术人才的主要阵地,加强对大学生、科研人员的科技伦理教育是十分必要的。

科技伦理教育是一种以学生科技伦理意识的养成和伦理治理能力的训练为导向的价值引领性教育,其目的在于塑造学生的伦理先行意识和负责任创新的能力。在价值引领下,科技伦理教育可以分为三个层次:第一层次是知识传授,即科技伦理知识的传递;第二层次是价值引领,即以学生为中心,通过传授知识、建构价值、培养理念来引导学生理解并践行科技伦理;第三层次是实践教育,即通过参与实践、自我反思、道德修养等活动来提升学生的科技伦理素养。在当前学校教育中,开展科技伦理教育必须从教师培训、学术研究、课程设置、教材建设、实践教育等多方面入手,构建一个立体化、系统化的教育教学模式。

第一,科技伦理教育有利于提升科技人员与学生的思维创新能力。科学技术作为人类在认识世界和改造世界活动中的智慧结晶,是人类在社会实践中从事创造性劳动的产物。科技发展一方面要求创新,另一方面要求以整体的、系统的思维方式取代机械的思维方式。而科技伦理教育能够促进科技人员与学生思维方式的变化。具体来说,现代科技更加注重系统思维与整体思维。人、自然与

---

① 关于加强科技伦理治理的意见[N].人民日报,2022-03-21(1).

社会的协调发展,要求人们从更高的层次把握人与自然之间、人与人之间、人与社会之间的关系,以系统性、整体性和动态性的思维方式推动科技创新;要求人们认识到自然界是一个多结构、多层次的统一整体,通过理性地控制自身的行为,恢复人与自然之间的和谐关系,进而实现"天人和谐"的理想状态。

第二,科技伦理教育有助于提升科技人员和学生的伦理责任感。科学技术在促进人类社会巨大进步的同时,也带来了诸多问题,尤其是现代科学技术的迅猛发展,带来的功利价值对人们的人生观、价值观影响日益明显。以计算机网络技术为例,计算机网络技术推动人类社会生产、交流方式发生变化,随之而来的是人与人之间、人与自然之间关系变得越来越复杂;人类活动产生大量废弃物,不仅严重影响生态环境,还给人类社会带来极大困扰。这些变化使人类与自然之间产生诸多矛盾,科技发展所带来的消极效应使人们产生困惑。在此背景下,通过科技伦理教育的开展,能够帮助科技人员和学生理解科技背后的社会逻辑,使他们正确看待科技的正面与负面影响,使他们认识到每个人都有享有科技进步利益的权利,也有维护、推动人与自然和谐发展的责任,进而在整个社会中营造出一种良好的科技伦理评价环境。

第三,科技伦理教育有利于推动人类社会发展。教育的根本出发点是人的全面发展。高校科研工作者、研究生、本科生的综合素质应是科学与人文之间的有机结合。如果说,科学精神是站在价值中立的立场上,对自然的本来面目进行探究,那么人文精神则是站在价值本位的立场上,以人的需要、人的尊严、人的自由发展为出发点。随着科技的飞速发展,人们越来越重视科学性教育,而忽视了人文教育。人文主义教育并非对自然科学教育的否定。人文素质和科学教育,是相通的,是相辅相成的,特别是科技人员,更要有良好的审美观、独立的个性、健康的心理。

(二)科技伦理教育机制的构建

第一,强化科技伦理价值观教育。作为科技创新的重要主体,高等院校、科研机构的科技伦理建设必须以正确的价值观为导向,应将科技伦理失范行为纳入单位、个人的学术评价体系,与科技人才能力素质评价结合起来。把科技伦理审查、科研诚信规范作为人才评价的一个环节,可以有效地防止科技伦理失范行为的发生。从根本上看,树立正确的科技伦理价值观是科技伦理教育的首要方面,应推动科技人员在开展科学研究、技术产品开发和应用过程中,始终以人民的利益为出发点;政府在制定科技相关政策、决定科技投入、调整科技布局时,应始终把人民的利益作为根本。

第二,健全科技伦理学校教育体系。一方面,设置全覆盖的科技伦理专业课程。在高校中,一般都会把"学术伦理"与"论文写作规范"作为必修课,这在加强学术自律、预防学术不端行为方面起到较好效果。然而,科技伦理不局限于学术道德、写作规范,还应渗透到科技活动整个过程中,应把科技伦理教育融入思想政治教育中。当前,国内大部分高等院校都没有专门设置科技伦理课程,即使有部分学校开设了科技伦理选修课,由于师生的重视程度不够,加上课时非常少,也难以起到应有作用。因而应让科技伦理教育走进课堂、走进课本,并将其纳入德育考核之中。另一方面,重视科技伦理教育中的实践教学形式。科技伦理教育应鼓励"创意、创作、创造、创业"等创新活动,让学生投身于科技创新的竞争与合作、标新与务实、求真与从善、台前与幕后的实践活动中,体验科技伦理在其中发挥的力量,进而激发学生参与科技活动的成就感、正义感、尊严感、光荣感,培养学生为科技进步而奉献生命的热情和动力,使他们能够不断地去追求崇高的科技伦理道德的理想。此外,还要加强科技伦理的言传身教,一种是通过表彰先进、树立典型,激发学生学习并遵循科技伦理标准;一种是以身作则、潜移默化地以道德感滋润心灵,感化和影响学生为科技发展作出贡献。

第三,充分发挥媒体在科技伦理教育中的作用。舆论宣传具有独特的导向作用,这就要求充分运用传统和现代的大众传媒方式,譬如书刊、广播、电视和网络等,特别是当前非常流行的短视频,使其在科技伦理教育中发挥效用。具体来说,媒体可以推动社会公众关注科技伦理问题、形成和转变科技伦理态度、认知和理解科技伦理概念、优化科技伦理行为。大众媒介无时无刻不在向社会公众灌输社会价值观、伦理道德规范和原则等,在无形中规范了人们在科技活动中的伦理道德取向。在科技伦理教育中,应从改进媒体传播、扩大活动空间、创造良好的社会舆论环境等方面进行努力。通过增加对科技活动荣誉批评的舆论压力,提升社会公众对科技行为的是非善恶的判断能力和认知水平。

二、科技伦理培训机制

(一)科技伦理培训的基本内容

在科技伦理治理机制中,科技伦理培训问题尤其值得关注。目前,不少科技人员不是不愿遵循科技伦理,而是由于缺少科技伦理的基础性训练,对科技伦理的认知不足。这种近乎"裸奔"的科研方式,给科技人员从事研究、开发等工作带来了一系列隐患,一旦违反了有关伦理规则,将会给个人、单位、社会造成不良影响。因此,应从科技伦理培训入手,使科研工作者掌握科技伦理的基本准则。譬如,让科研工作者明白哪些"高压线"是不可触及的,让他们时刻受到科技伦理的约束。应把科技伦理培训制度化、机制化、常态化,将它作为从事研究工作的基础条件和门槛。

面对科学技术领域中的诸多伦理困境,一部分科技人员能够坚定地作出正确的伦理道德判断,而另一部分科技人员却是一筹莫展,甚至做出违反科技伦理的行为。毫无疑问,对科技人员进行系统性、连贯性的伦理培训,可以提高他们的科技伦理观念与决策能力,使他们更好地应对科技伦理问题,从而负责任地开展科技创新活动。科技伦理培训主要包含科技伦理知识培训和科技伦理技能培训两个部分。科技伦理培训是科技伦理治理机制的有机组成部分和重要环节,是强化科技人员伦理素养和意识、提升科研机构伦理治理水平的重要机制。[①]

(二)科技伦理培训机制的构建

第一,满足科技人员获得伦理培训的需求。一是增加科技伦理培训内容,使之能适应不同领域的科技人才的不同学习需求与方式。课程内容应包括科技诚信伦理的理论和原则、科技伦理审查的法律法规、数据使用伦理、隐私信息保护、道德利益冲突等。鼓励科研单位将科技伦理培训内容纳入科研人员的专业训练中,培养其科技伦理意识,使其坚持科技伦理底线、践行科技伦理原则。二是新旧两个领域的交叉技术发展迅速、深度融合,其创新性与颠覆性显著,但也存在

---

① 参见:张霄.发展科技伦理:从原则到行动[N].光明日报,2019−12−09(15).

极大的不确定性与风险性,对科技伦理治理造成严重的冲击与挑战。应根据新兴前沿科技的发展需求,及时更新科技伦理培训的内容,结合典型的案例进行分析和研判,使研究人员能够全面地理解新兴前沿科技和伦理之间的关系。

第二,丰富科技人员获取伦理培训的方式。一是科技管理相关部门组织正式的、权威的科技伦理交流会。可以通过科技伦理委员会,系统推进生物技术、纳米技术、人工智能技术、信息科技等新兴科技领域的伦理治理,采用伦理评估、召开专家—群众科技发展交流会、发布科技伦理治理报告等多种形式开展科技伦理培训。二是推动不同机构、部门在科技伦理培训方面的合作。在经济社会发展和科技需求驱动下,越来越多的大学、科研机构和企业之间开始组织自发交流与合作,其中包括合作项目的研究、联合设立实验室、联合培养研究生等。这些合作属于科研体系自发自主的治理方式,能够对科技伦理培训发展起到助推作用,为科技伦理发展提供充足的专业人才。三是鼓励、引导社会力量积极参与科技伦理培训工作。在科技伦理专业人才培训过程中,科技类社会团体是一股不可忽视的力量。为了强化对科技人员伦理意识、责任感的培养,科研机构定期组织开展科技伦理主题讲座等活动。除此之外,学术团体和学会也会定期更新有关的科技伦理知识材料,充分发挥科技类社会团体对科技人员伦理意识的培育作用。[①]

第三,健全科技伦理培训的相关制度。一是健全科技领域执业资格认定制度,对科技领域内的执业人员进行严格控制。现实的情况是,国内的科技人才培训多以技术、技能为主,而对科技伦理的培训却鲜有涉及。一方面,应开展科技研究、开发和应用工作的"岗前培训",把科技伦理知识作为科技人员入职前的必修课程,强化其科技伦理道德品质和心理品质,让其深刻认识到科技工作的意义,培养其敬业精神,使其热爱岗位、做好从事科技工作的准备。另一方面,强化科技人员的在职伦理培训,这是一种针对性强的培训,其重点是科技人员在实际工作中所面临的特定伦理问题,通过伦理学知识有针对性地培训科技人员的科研行为习惯、强化科技伦理道德信仰,有计划、有目标地激发科技人员的潜力,从而提升科技人员的伦理决策能力。二是提升科技伦理委员会的专业

性审查评议水平。科技伦理委员会是科技伦理治理体制的重要组成部分,作为科技伦理规范审核的直接责任主体,其运作需要持续开展科技伦理培训。科技伦理委员会专家成员、管理人员,必须经过全面、系统和专业的科技伦理知识培训。

三、科技伦理宣传机制

立足现实情况,公众对科技伦理的认知仍处于混沌状态,而且也没有足够的精力对科技伦理知识进行系统性了解和学习。在当前的社会环境氛围中,科技伦理是一个相对前沿、新颖的领域,社会普遍对科技伦理认知不清晰、缺乏全面了解,这从侧面反映了科技伦理宣传工作尚不到位。在新发展阶段,必须重视科技伦理宣传,努力形成自觉遵守科技伦理的良好社会氛围。

(一)科技伦理宣传的主要内容

面向社会公众宣传科技伦理知识,有助于提升人们的科技伦理认知水平。科技伦理的产生并非自然而然,而是通过持续宣传,使社会公众逐渐认识、接受科技伦理知识。目前,国内对科技伦理的宣传主要有三个方面。一是加强马克思主义科技伦理观宣传,这是加强科技伦理建设的理论指南。二是对科技和伦理之间的关系进行宣传,必须找出科技与伦理之间的契合点。只有在两者之间找到适合的契合点,才可以促进两者共同发展,这也是提升公众科技伦理素养、形成良好的科技舆论和社会风气的重要途径。三是鼓励科学家就具体的科技伦理议题研讨,并与社会公众进行沟通宣传。针对公众对科技行为的认知差异及其可能给科技伦理带来的挑战,政府部门、科技工作者有责任加大科技伦理知识的宣传力度,引导公众以科学的态度看待科技行为。

(二)科技伦理宣传机制的构建

第一,构建科技伦理宣传的综合平台。充分利用互联网、大数据等新技术,鼓励各类学会、协会、研究会等搭建起科技伦理宣传平台,持续提升社会公众对科技伦理价值观的认识。一方面,充分发挥专家学者的作用,积极倡导社会各界开展科技伦理相关知识的普及,使公众形成基本的科技伦理素养;另一方面,利用好专业人士在相关科技领域中的良好形象和社会影响力,为公众提供科技伦理方面的指导意见和建议。可以考虑建立一个由高等学校或科研机构主导运作的科技伦理案例或者研究数据资源平台,发布、共享大量的科技伦理专业案例和数据,持续提升宣传的力度和话题度。同时,新闻媒介应自觉地加强对科技伦理问题的科学、客观、准确报道。

第二,强化优秀的科技类文艺节目的宣传效果,着重突出科学认知的力量。科普类节目在科技伦理宣传方面有着非常明显的效果,譬如,CCTV《科技博览》《走近科学》《探索发现》等栏目,其中既有日常生活中的小事,又有大自然中的神奇现象。应用多样化的科学故事普及伦理知识,使广大观众在潜移默化中提高科技伦理素养。近年来,随着人工智能、大数据技术的发展,科幻影视作品已经不再仅仅是对未来世界的想象和展示,在对环境伦理、生命伦理等问题的关注上也有更多的思考和表现。科幻书籍、有声书、科幻电影等新形式的科技文化,肩负着传播科学精神、启发科学思维、推广科技伦理的使命。

第五节　本章小结

党的二十大报告提出要"深化科技体制改革"[①]。优化科技伦理治理机制的制度保障为科技创新划定伦理边界和价值底线,是有效防控科技伦理风险、推动科技创新高质量发展与高水平良性互动的重要保障。科技伦理的本质是一种价值判断,作为一种"应然",其应当且必须受到人类社会的普遍认同和遵守。从世界科技发展的历史进程来看,科学技术的发展和科研活动的开展都会伴随着各种伦理风险问题,这也是科技伦理治理工作所面临的重要挑战。在这种背景下,科技伦理治理中的每一主体都需要主动履行自身的责任,从科技伦理规范和准则、审查和监管制度、风险监测预警与处置机制、宣传教育机制等方面来提升科技人员的伦理素质,预防科技伦理风险问题,创造一个更好的科技创新环境,进

---

① 高举中国特色社会主义伟大旗帜 为全面建设社会主义现代化国家而团结奋斗[N].人民日报,2022-10-17(2).

行符合科技伦理道德的研究,从而使科技朝着更好的方向发展,为科技伦理治理机制提供更好的制度保障。首先是建立健全科技伦理规范和准则。将科技伦理中的若干重要伦理准则转化为法律,提升科技伦理治理的法治化程度,强化对科技伦理的法规研究。其次是建立科技伦理审查和监管制度。科技伦理审查和监管是指在科学技术活动中对其伦理进行审查和监管,以确保科学技术活动符合公正、合理、安全等要求。需要健全科技活动违法乱纪的调查与处理程序,这是维护科技人员的正当权益、维护国家和社会公共利益以及保障人民群众根本利益的客观要求。再次是强化科技伦理风险监测预警与处置机制。及时发现和防范科技创新所带来的伦理风险问题,对科技伦理治理模式、道德标准进行动态调整,以快速灵活地应对科技创新所引发的伦理风险。最后是加强科技伦理宣传教育机制建设。根据科技发展所处的历史时期及其社会文化特征,遵照科技创新的一般性规律,构建并完善与中国国情相适应的科技伦理治理体系。以开放和发展的思想为指导,加大与世界的科技成果交流力度,通过构建多层次的科技伦理协调和合作机制,以增进不同的科技伦理治理主体之间的共识。以此为基础,形成一套科学、健全的科技伦理治理制度体系,为高质量、高效率地开展科技伦理活动提供制度保障,有效地规避科技伦理风险。

完善科技伦理治理体制机制的路径选择

在科技强国建设进程中,科技创新已经处于飞速发展的状态,而相应的科技伦理亟须规范。现阶段的我国科技伦理治理体制机制尚不健全,与科技伦理治理相关的法律法规、制度不够完善,具体到不同的科技领域,相关的伦理治理机制发展也不完全均衡。这些问题反映了当下的科技伦理治理体制机制已难以适应科技创新发展的现实需要,因而需要对科技伦理治理体制机制加以完善,进而选择适合的实现路径,目前主要有两条路径可供选择:外部控制路径与内部控制路径。

外部控制是指通过法律法规、规章制度、行政监管等方式,对科技活动进行强制性约束和规范,其主体是科研机构及人员之外的组织和个人;内部控制是指通过科技伦理教育、科技人员道德品质、科技类组织文化等方式,对科技活动进行自我约束和引导,其主体是科研机构内部的部门或人员。外部控制和内部控制是完善科技伦理治理体制机制的两条主要路径,彼此之间既有联系、又有区别。两条控制路径具有千丝万缕的联系:都是对科研活动中涉及伦理问题的各种行为进行控制和规范,都是为了完善科技伦理治理体制机制而进行的控制行为,都需要依据国家有关法律法规和科研领域标准来进行控制标准的设定。同时,两条控制路径又具有一定的区别:在控制主体上有所不同,外部控制是由外部组织或个人实施的,内部控制是由科研机构内部人员实施的;在控制目标上有所侧重,外部控制更注重合法性、合规性和真实性,内部控制更注重风险防范;在控制方式上有所差异,外部控制更多采用强制性和监督性的手段,内部控制更多采用自愿性和引导性的手段。外部控制与内部控制在完善科技伦理治理体制机制中的主体、目标、方式上尽管有一定差异,但都是相辅相成、不可或缺的现实路径选择,共同助力科技伦理善治状态的实现。

第一节　外部控制路径

完善科技伦理治理体制机制的首要选择路径是外部控制,其主要依靠立法机关和行政机关制定相关的法律法规和规章制度,建立健全国家层面和相关领域层面的科技伦理委员会,来实现科技伦理治理体制机制的完善工作。外部控制路径可以保障科技活动遵循基本的伦理原则和底线,防止科技活动对人类社会和自然环境造成不可逆转的危害。

一、科技伦理立法

科技伦理立法既是完善科技伦理治理体制机制的外部控制路径,也是对科技发展进行约束的强制性工具,是对不断发展的科技创新活动的刚性约束。科技伦理立法能够明确科技活动的法律责任和义务,保障科技活动参与者的合法权益,防止科技成果误用、滥用,维护社会安全、公共安全、生物安全和生态安全,促进科技向善,造福人类。科技伦理立法之所以能够成为完善科技伦理治理体制机制的外部控制路径,是因为其具有三大特征:一是普遍性和强制性,能够适用于所有涉及科技活动的主体和对象,且具有法律效力和强制执行力;二是权威性和公信力,能够代表国家意志和社会共识,且具有法律效益和社会效益;三是规范性和指导性,能够明确规定科技活动的行为准则和道德标准,且具有法律约束力和道德引导力。

(一)科技伦理与立法的关系

在当下及未来的社会中,科技发展需要通过科技伦理相关的立法来进行规范,主要体现在以下三个方面。一是科技伦理本身包含两个方面的含义。一方面,科技伦理要对科研工作者进行约束,通过人类普遍遵循的道德准则与伦理规范来对科研工作者的工作进行约束,要求科研工作者的工作不能逾越人类基本的道德准则与伦理规范;另一方面,科技伦理也要鼓励科学家在道德伦理规范的范围内勇于创新,科研工作人员要积极投入工作,将推动人类科技发展与整体的进步作为自己终身的工作与目标,甚至是信仰。因此,科技伦理治理的问题,从其内涵上来讲,不仅是道德伦理问题,还是科学问题,甚至是制度和法律问题。二是科研领域具有其特殊性。道德伦理的约束与法律的约束之间存在着极大的不同,道德伦理的约束强制性不高,是一种软性的规制,而法律约束则具有高度的强制性与硬性的约束能力。科研属于一个特殊的领域,不能用过于强制性的法律将科研的发展规制死,也不能只依靠软性的伦理机制来进行约束,而是要用法律来确保伦理机制的地位,保证伦理机制能正常运行,使其发挥应有的约束作用。三是新兴科技迅速发展的现实需要。转基因技术和人工智能等新兴科技的发展,要求科技伦理治理机制更为灵活,以此来应对新兴科技的不确定性和复杂性,这需要从国家层面来对科技伦理进行立法,对科技伦理治理提出总体的要求。同时,整体性的立法也可以对现行的法律法规在进行科技伦理相关的修订时起到指导作用。国家层面的立法还可以为科技领域的发展提供规制。一个强制性的规制对于违反科技伦理行为的威慑和惩罚作用更为显著,这有助于实现对科技发展及其后果的有效调节和把控。

当然,关于科技伦理与立法的关系也存在着另一种观点。这一种观点认为,不应将伦理与立法捆绑在一起,因为当伦理问题成为立法的问题后,它就不再是伦理问题而是法律问题了。虽然这一观点有其道理,但是仍然存在一定的局限性。法律与伦理并不是互相割裂的关系,二者之间应该是相辅相成的。法律不是将伦理准则强制执行,而是强调伦理的作用,并对违背伦理准则底线的行为采取强制性的措施。与伦理准则相比,立法活动更是一种对于集体道德裁决、政治共同体建立的最低道德标准。人们在接受或拒绝法律约束时,总是会同时进行伦理思考和伦理决策。当然,人们自身容易做出违法行为,譬如,乱穿马路、超速行车、酒驾或者醉驾、偷税漏税等。对伦理进行立法,在一定程度上可能导致人们会替换自己的伦理决策。可是,当它被运用在具体的案例中时,人们还是会对其进行道德评价,这种评价会因严重性、复杂性和合理性的不同而具有很大差异,但却是人们保持其伦理自主的方式。

从这个角度来看,对科技伦理进行立法有其必要性。目前,科技发展的领域范围非常广泛,不过涉及科技伦理的领域主要集中在生命科学、医学以及新兴的人工智能和大数据等领域。完善科技伦理治理体制机制,需要有相关法律法规来约束科研工作者、科研机构与涉及科研的企业的研发行为。尤其是对于完善科技伦理治理体制机制而言,科技伦理立法更体现出其必要性,主要表现在三个方面:一是为了应对科技发展带来的新问题和新挑战,需要相应的法律规范来保障人类尊严、人权和社会正义;二是为了促进科技创新与社会发展的协调一致,需要相应的法律规范来平衡利益关系、协调利益冲突;三是为了推动国际交流与合作,在全球治理中发挥积极作用,需要相应的法律规范来遵守国际准则、参与国际规则。

(二)科技伦理立法的现实问题域

西方国家在科技伦理立法这一领域的起步较早,发展较为完善。相比之下,国内的科技伦理立法起步较晚,主要存在四大问题。

第一,缺乏统一的基础性立法,相关法律法规分散、不系统。截至2025年,国内尚未出台一部关于加强科技伦理治理的基础性法律,相关的法律法规分散在不同的领域和层级,而且缺乏统一协调和相互衔接,难以形成科技伦理治理的整体框架和顶层设计。譬如,在生命科学领域,虽然有《人体器官捐献和移植条例》《人类辅助生殖技术管理办法》等专门性法规,但没有涵盖人类遗传资源管理、人类胚胎研究、基因编辑等方面的内容;在人工智能领域,虽然有《中华人民共和国网络安全法》《中华人民共和国个人信息保护法》等相关法律,但没有针对数据隐私保护、算法责任和人工智能安全等方面的专门性规范。

第二,部分领域缺乏专门性立法或者立法滞后于实践。在一些涉及科技伦理敏感问题的领域,国内尚未制定或修订相应的专门性法律法规,导致这些领域的科技活动缺乏明确的伦理要求和约束,非常容易引发伦理争议和风险。譬如,在基因编辑领域,由于没有专门的法律规范来约束和指导相关研究活动,一度出现"基因编辑婴儿"事件,引发了国内外社会的强烈反响和谴责。①

第三,部分领域存在立法与执行之间的落差。在一些涉及科技伦理问题的领域,虽然有相关的法律法规,但在执行过程中存在着不同程度的偏差或者困难,导致科技伦理治理的效果不佳。譬如,在实验动物使用方面,虽然有《实验动物管理条例》等相关规定,但在实际操作中仍存在着对实验动物来源、数量、福利、替代等方面的监管不足。

第四,部分领域缺乏国际协调与合作。在一些涉及全球共同利益和责任的科技伦理问题上,国内没有充分参与国际交流与合作,缺乏与国际公认的科技伦理准则和规则的对接和协调,从而影响了中国在全球科技伦理治理中发挥积极作用。譬如,在人类遗传资源管理方面,国内还没有与其他国家建立有效的合作机制和共享平台,也没有参与制定相关的国际标准和规范。

(三)完善科技伦理立法的实现路径

为了解决科技伦理立法领域存在的主要问题,需要从以下四大方面完善科技伦理立法。

1.加强顶层设计,构建中国特色的科技伦理立法体系

科技伦理立法是科技伦理治理的重要基础和保障,需要有明确的目标、原则、要求和措施,以及有效的组织、协调、评估和修订机制。2022年3月发布的《意见》是我国首个国家层面的科技伦理治理指导性文件,也是继国家科技伦理委员会成立之后,科技伦理治理工作的又一标志性事件。这份文件对科技伦理治理工作作出了系统性的部署,提出了明确的要求、原则、目标和举措。应在此指导下,结合国内实际情况和国际发展趋势,构建符合中国特色的科技伦理立法体系。

第一,完善综合性的科技伦理法律,作为科技伦理治理的基本法律。在现有的《中华人民共和国科学技术进步法》等相关法律的基础上,进一步明确科技活动必须遵循的价值理念和行为规范,规定科技活动中涉及人类、实验动物等生命体的权利和义务,确定科技活动可能引发的风险和责任,建立健全科技伦理审查和监管制度,加强对违反科技伦理要求的行为的查处和惩罚等。

---

① 参见:王志刚.完善科技伦理治理体系 保障科技创新健康发展[J].求是,2022(20):43-47.

第二,强化国家层面专门负责科技伦理的机构或部门,作为科技伦理治理工作的最高指导和协调机构。根据《意见》,国家科技伦理委员会负责指导和统筹协调推进全国科技伦理治理体系建设工作,科技部承担国家科技伦理委员会秘书处日常工作,国家科技伦理委员会各成员单位按照职责分工负责科技伦理规范制定、审查监管、宣传教育等相关工作。应充分发挥这些部门或机构在制定和完善国家层面和行业层面的法律法规、标准规范等方面的作用,并加强彼此之间的协调和配合。

第三,优化科技伦理立法的规划制度。按照五年或十年为一个周期制定科技伦理立法规划,并根据实际情况进行动态调整。在制定规划时,要充分考虑国内科技发展现状和趋势、社会文化特点、国际接轨需求等因素,确定重点领域、重点问题、重点任务等,并明确责任主体、时间节点、预期目标等。

第四,提高科技伦理立法协调能力。加强与各相关部门和地方政府在科技伦理立法方面的沟通和协作,形成合力。在制定或修订涉及多个部门或地方利益的法律法规时,要充分听取各方意见,协调利益关系,避免重复或冲突。在制定或修订涉及国际合作或全球治理的法律法规时,要参考和借鉴国际公认的科技伦理准则和规则,与其他国家和国际组织保持沟通和协调,促进科技伦理标准和规范的相互认可和协调。

第五,加强科技伦理立法评估。定期对已经制定或修订的法律法规进行评估,检查其执行情况、效果和影响,及时发现和解决存在的问题和不足,并根据评估结果提出修订或废止的建议。

第六,提升科技伦理立法修订能力。根据科技发展的新情况、新问题、新挑战,及时对已有的科技伦理相关法律法规进行更新修正,以适应实践变化。在修订过程中要充分征求各方意见,尤其是科技人员、科技机构、社会团体、社会公众等利益相关方的意见,兼顾各方利益和诉求,保持科技伦理立法的前瞻性、负责任性和审慎性。

2.关注科技伦理敏感问题,加快重点领域专门性立法

在一些涉及科技伦理敏感问题的领域,国内尚未制定或修订相应的专门性法律法规,这导致科技活动缺乏明确的伦理要求和约束,容易引发伦理争议和风

险。因此,应该根据不同领域涉及的特殊问题和风险,制定或修订相应的专门性法律法规,并及时更新修正以适应实践变化。

第一,在生命科学领域,应尽快出台关于人类遗传资源管理、人类胚胎研究、基因编辑等方面的专门性规范。人类遗传资源是人类生命活动的基础和载体,具有极高的价值和敏感性。胚胎研究是生命科学领域最具争议性的研究之一,涉及人类生命起源、生命尊严等重大伦理问题。基因编辑是一种能够改变生物体遗传信息的技术,具有巨大的应用潜力和潜在的伦理风险。目前,国内还没有专门针对这些领域的法律法规,导致科学研究伴随的问题时有发生,研究也缺乏明确的伦理界限和约束。因此,应该尽快出台相关规定制度,明确此类研究的定义、分类、归属、范围、条件和权利义务等内容,规范此类研究的申请、审批、实施、监督、评估等活动,从而加强对研究的伦理审查和监管。

第二,在人工智能领域,应尽快出台关于数据隐私保护、算法责任、人工智能安全等方面的专门性规范。数据是人工智能发展的重要基础和驱动力,也是个人和社会的重要资源和利益。算法是人工智能运行的核心和关键,也是可能产生不可预测和不可控后果的风险源。人工智能安全是指保障人工智能系统在设计、开发、运行、评估等过程中不会对人类社会造成危害或威胁的能力。目前,国内虽然有《中华人民共和国网络安全法》《中华人民共和国个人信息保护法》等相关法律,但在数据隐私保护方面仍存在一些不足和漏洞。同时,国内还没有专门针对算法责任、人工智能安全的法律法规,导致算法设计、开发、运行、评估等环节缺乏明确的责任主体和责任划分,人工智能安全缺乏明确的标准和要求。因此,亟须用相关文件来进行概念的明确与责任主体的权利义务和责任划分,规范相关活动,加强对数据隐私与人工智能安全的监管和保障,建立健全算法责任追究和赔偿机制。

3.加强立法与执行的衔接,完善科技伦理监督与惩戒机制

科技伦理立法不仅要有完善的制度设计,还需要有效的执行保障。目前,在一些涉及科技伦理问题的领域,虽然有相关的法律法规,但在执行过程中存在着不同程度的偏差和困难,导致科技伦理治理效果不佳。因此,应建立健全科技伦理审查和监管制度,明确各级各类科技伦理(审查)委员会的职责和权限,规范科

技活动的伦理风险评估或审查程序,加强对科技活动的全过程监督,严肃查处科技伦理违法违规行为,形成有效的激励和约束机制。同时,应建立健全科技伦理违规行为投诉举报、信息公开、社会监督等制度,提高科技伦理治理的公开透明度和公信力。

第一,建立健全科技伦理审查制度,要求开展涉及人类、实验动物等生命体的科技活动或者可能产生重大影响、极具争议的科技活动的单位或个人,必须经过本单位或委托单位的科技伦理(审查)委员会的审查批准,并按照规定提交相关材料和信息。科技伦理(审查)委员会要坚持科学、独立、公正、透明的原则,按照国家法律法规和标准规范开展对科技活动的伦理风险评估或审查,并及时反馈审查结果和意见。对于不符合科技伦理要求的科技活动,要及时提出整改或终止的建议,并进行跟踪监督。

第二,建立健全科技伦理监管制度,要求各级各类科技伦理(审查)委员会对本单位或委托单位开展的涉及人类、实验动物等生命体的科技活动或者可能产生重大影响、极具争议的科技活动进行全过程监督,检查他们是否按照国家法律法规和标准规范以及审查批准的范围开展研究,并定期进行评估和检查。发现存在违反科技伦理要求或者可能引发严重后果的情况,要及时采取措施进行风险处置,并向上级主管部门或相关部门报告。

第三,建立健全科技伦理违规行为惩戒制度,要求对违反国家法律法规和标准规范、未经科技伦理(审查)委员会审查批准或者超出审查批准范围开展涉及人类、实验动物等生命体的科技活动或者可能产生重大影响、极具争议的科技活动的单位或个人,依法依规给予相应的惩戒措施。惩戒措施主要包括但不限于责令改正、停止相关科技活动、追回资助资金、撤销获得的奖励和荣誉、取消相关从业资格、禁止一定期限内承担或参与财政性资金支持的科技活动等。对于造成严重后果或危害社会安全、公共安全、生物安全和生态安全的行为,依法追究刑事责任。

第四,建立健全科技伦理投诉举报制度,要求建立统一的投诉举报平台和渠道,鼓励和支持社会公众对涉嫌违反科技伦理要求的科技活动或者可能引发严重后果或危害社会安全、公共安全、生物安全和生态安全的科技活动进行投诉举报,并保护投诉举报人的合法权益。对于投诉举报的内容,必须及时地进行核实和处理,并向投诉举报人及时反馈处理的结果和意见。对于属实的投诉举报,要依法依规给予相应的惩戒措施,并予以公开曝光。

第五,建立健全科技伦理信息公开制度,要求各级各类科技伦理(审查)委员会定期向社会公开本单位或委托单位开展的涉及人类、实验动物等生命体的科技活动或者可能产生重大影响、极具争议的科技活动的基本情况、审查结果、监督情况、评估情况等信息,并接受社会公众的监督和评价。同时,要求各级各类科技伦理(审查)委员会定期向上级主管部门或相关部门报告本单位或委托单位开展的涉及人类、实验动物等生命体的科技活动或者可能产生重大影响、极具争议的科技活动的基本情况、审查结果、监督情况、评估情况等信息,并接受上级主管部门或相关部门的指导和督促。

第六,建立健全科技伦理社会监督制度,要求充分发挥社会团体、专业机构、媒体等在科技伦理治理中的作用,支持和鼓励他们参与科技伦理立法、审查、监督、评估等工作,提出合理化建议和意见,并对违反科技伦理要求的科技活动或者可能引发严重后果或危害社会安全、公共安全、生物安全和生态安全的科技活动进行舆论监督和批评。

4.加强国际交流与合作,参与全球科技伦理立法相关工作

科技伦理问题不仅是国内问题,也是国际问题,不仅涉及国家利益,也涉及全球利益。目前,在一些涉及全球共同利益和责任的科技伦理问题上,国内还没有充分参与国际交流与合作,缺乏与国际公认的科技伦理准则和规则的对接和协调,影响了中国在全球科技伦理治理中发挥积极作用。因此,应该积极倡导和遵循国际公认的科技伦理准则,加强与国际组织和其他国家在科技伦理领域的对话和协商,参与全球科技伦理治理规则的制定和完善,推动构建人类命运共同体。同时,应该加强对外开放合作,在尊重各国主权和文化差异的基础上,促进科技伦理标准和规范的相互认可和协调。

第一,积极倡导和遵循国际公认的科技伦理准则,譬如世界医学会的《赫尔辛基宣言》、联合国教科文组织通过的《世界人类基因组与人权宣言》《世界生物伦理与人权宣言》《人工智能伦理问题建议书》等,将其作为国内科技伦理立法的重要参考和依据,并在实践中贯彻落实。这些准则反映了全球社会对于科技发展所涉及的人权、尊严、自主、正义、责任等核心价值的共识,并为各国制定相关法律提供了指导原则。

第二,加强与国际组织和其他国家在科技伦理领域的对话和协商,积极参与国际会议、论坛、研讨会等活动,交流分享我国在科技伦理治理方面的经验和成果,了解和借鉴其他国家在科技伦理治理方面的进展和做法,增进相互理解和信任,寻求共识和合作。譬如,在生物医学领域,可以参与世界卫生组织、联合国教科文组织等机构主办或协办的相关活动;在人工智能领域,可以参与全球人工智能伙伴关系、亚欧人工智能联盟等平台的讨论。

第三,积极参与全球科技伦理治理规则的制定和完善,发挥中国在科技创新方面的影响力,为全球科技伦理治理贡献中国智慧和中国方案,推动构建更加公正、合理、包容、可持续的全球科技伦理治理体系。譬如,在人工智能伦理方面,可以参与《人工智能伦理问题建议书》等国际文件的制定和更新。

第四,积极加强对外开放合作,在尊重各国主权和文化差异的基础上,促进科技伦理标准和规范的相互认可和协调,在涉及人类遗传资源、人类胚胎研究、基因编辑、人工智能等领域的合作研究或应用时,遵循双方共同商定的科技伦理要求,保障双方的利益和权益。譬如,在基因编辑领域,可以与其他国家建立基因编辑研究联盟、基因编辑研究监督委员会等机构共同进行研究与监督;在人工智能领域,可以与其他国家建立人工智能数据共享平台和人工智能安全评估框架,以此在人工智能领域进行共同的开发利用与合作发展。

总而言之,国内在科技伦理立法方面存在着统一的基础性立法尚需完善、部分领域缺乏专门性立法或者立法滞后于实践、部分领域存在立法与执行之间的落差、部分领域缺乏国际协调与合作等问题,需要从加强顶层设计、建立统一协调的立法机制,加快重点领域的专门性立法、跟进实践发展、加强立法与执行的衔接、完善监督与惩戒机制,加强国际交流与合作、参与全球治理等方面进行完善,以提高科技伦理治理的水平,保障科技活动的健康发展。在新时代,科技伦理立法应该对深层科研活动与高风险科研活动进行制约,还应将对科研活动的约束推广至全球,建立全世界较为统一的科技伦理法律委员会体系。科技伦理立法应强调体制机制与科技发展模式的关键作用,注意科技伦理法律发挥时所需的特定条件,避免科技伦理法律存在大量漏洞以致立法落入陷阱。科技伦理立法时就应同时进行新型科技伦理的构建,确保科技伦理拥有较为明确的定义,进而保证立法时有据可依。法律工作者应明确科技伦理问题是一个系统问题,要将伦理问题与法律问题一并解决是一个系统工程,要解决问题、完成工程,在立法时仅仅规范人的行为远远不够,还需要系统解决科技工作者和包括体制机制、科研管理等在内的科技发展模式问题,尤其是应尽快转变科技粗放式发展模式。目前的科学研究基本处于"现象—分析"的二维平面状态,亟须改变现在这种单纯的探索式的科学研究,引入价值维度,转型为"现象—分析—价值"三维空间的立体式科学研究,实现从"平面"科学到"立体"科学的转型。科技伦理法律将作为价值维度的必要组成部分嵌入科学研究内部,以改变目前科技伦理法律作为辅助因素,外在于科学而难以发挥应有作用的状况,形成"科技创新、伦理先行"的新型科技发展模式,不走西方类似于"先污染后治理"的"先创新后伦理"的老路和弯路。科技伦理法律要发挥其作用,协调好科技治理与科技创新之间的关系。

二、科技伦理委员会

科技伦理委员会是一种由专业人士组成的机构,其主要职能是制定科技伦理规范,审查和监督科技活动中的伦理问题,为政府和社会提供咨询和建议。科技伦理委员会在生命科学、医学、人工智能等领域中,当面对涉及人的生命安全、身心健康、人格尊严等重大价值问题时,需要发挥其专业性和权威性,保障科技活动符合伦理道德要求,防范和化解科技伦理风险。

科技伦理委员会能够在完善科技伦理治理体制机制中发挥重要作用,主要表现于两个方面。一是科技伦理委员会通常会颁布自己的科技伦理道德规范。一般而言,科技伦理道德规范是科技伦理委员会伦理道德立场的标志。所有的现代科技伦理委员会的伦理道德规范基本上都规定,科技工作者最重要的责任是保护公共安全、健康和福利,为科技的进步不断探索,为全人类的未来谋求希望。除此之外,规范通常还要强调能力、可信度、诚实和公平等特征。可以说,科技伦理委员会自身颁布的科技伦理道德规范,是其保证自身维护科技伦理治理能力的基础。不过,在制定道德规范时,科技伦理委员会应考虑到如下因素:科技伦理道德规范应将科技人员自身的责任、义务与使命作为首要要求,为道德规定的整体要求定下基调;科技伦理道德规范也应要求其委员会的成员互相监督,并保证能够协助其他成员遵守准则;科技伦理道德规范需要要求科研人员对科技伦理有良好的理解,明确可为与不可为;科技伦理道德规范应对遵守科技伦理的委员会的成员给予鼓励并将其作为示范,以此保证科研工作者能保持长久的高度的热情。二是科技伦理委员会可以为部分严格遵守科技伦理、将促进科技与社会进步作为自身责任与义务的科技工作者提供物质或精神奖励,以强调科技伦理守则中"保护公共安全、健康和福利"这一内容的地位,并进一步表明科技伦理委员会应该支持为保护公共安全、健康和福利而采取行动的科技工作者。科技伦理委员会在发布关于产品责任、科学探索等公共政策问题的立场声明时,应该考虑保护公共安全、健康和福利等诸多科技伦理道德义务,并表明自身的态度,否则就会破坏自身保护公共安全、健康和福利的观念与建立起来的科技伦理道德规范。

(一)国内外建设科技伦理委员会的情况

目前,世界上已有多个国家建立了不同类型和层级的科技伦理委员会,譬如法国、英国、美国等,这为完善国内的科技伦理委员会提供了有益的经验借鉴。

法国的科技伦理委员会为国家生命科学与健康伦理咨询委员会,简称C.C.N.E.,是根据法国密特朗总统于1983年2月23日的法令创建的。委员会的使命被界定为"针对生物学、医学和公共卫生学领域的知识进步所带来的伦理和社会问题提供咨询意见"。虽然C.C.N.E.本身没有执法权,但其能在法国生命伦理制度框架中发挥关键作用,其所发布的报告是法国国民议会辩论中被引用最多的资料。C.C.N.E.的职权主要有三个方面:一是对面临艰难伦理道德困境的研究方案进行强制审核,而不管实验的执行机构是谁;二是对认为重要的生物医学实践的伦理问题采取应对行动;三是有权向政府部门提供关于立法和监管的咨询和建议,尤其是可以提供立法方案草案建议,但不具备执法权。C.C.N.E.的人员主要由科学家、医生、哲学家、法学家和记者构成,有1名主席、39名委员以及名誉主席,这40名成员分别是由总统、议会、总理及各部委提名任命的。[①]

---

① 参见:Comité consultatif national d'éthique pour les sciences de la vie et de la santé[EB/OL].[2024-09-01]. Comité consultatif national d'éthique pour les sciences de la vie et de la santé,https://www.ccne-ethique.fr/.

　　英国的科技伦理委员会为纳菲尔德生命伦理学理事会,其工作领域主要有四个:一是识别和定义由生物和医学研究的最新发展引起、涉及或可能涉及公共利益的伦理问题;二是在相关利益攸关方的适当参与下,安排对此类问题的独立审查;三是告知并参与有关伦理问题的政策和媒体辩论,并就与理事会已发表或正在进行的工作,以及相关或衍生的新问题提供知情评论;四是向政府或其他相关机构提出政策建议,并通过发布的报告、简报和其他适当的产出传播工作成果。这一委员会是由纳菲尔德基金会设立的,主席也是由基金会和其他投资者协商任命,因此相比于法国由国家直接设立的委员会,英国的科技伦理委员会具有更大的自治特征。不过,纳菲尔德理事会的成员一般具有理事会成员和政府工作人员的双重身份,譬如,前任主席戴夫·阿查德(Dave Archard),既是贝尔法斯特女王大学的哲学教授,也曾是政府工作人员(曾任英国人类受精和胚胎管理局即HFEA的副局长)。①

　　美国的科技伦理委员会为总统生命伦理问题研究委员会②,由奥巴马于2009年11月24日签署第13521号总统行政命令创建。总统生命伦理问题研究委员会的成员,主要包括公共卫生科学家、教育家、律师、哲学家、遗传学家和历史学家等,职责主要是就生物医药和相关科技领域引发的伦理问题,向总统提供建议。美国的科技伦理委员会在运行上具有独立性,不过由于该委员会是由总统设立的,在后勤和行政管理方面则需要政府的协助,同时受到美国两党制中的党派政策与总统偏好的影响。③

　　相比之下,我国成立了国家科技伦理委员会,并在2023年3月明确国家科技伦理委员会作为中央科技委员会领导下的学术性、专业性专家委员会,不再作为国务院议事协调机构。国家科技伦理委员会对涉及人的生命科学和医学研究进行统一的指导和监督,制定相关的伦理规范和审查程序,协调处理科技伦理问题。国家科技伦理委员会覆盖了生命医学、人工智能、农业与环境等领域,是完

---

① 参见:The Nuffield Council on Bioethics[EB/OL].[2024-09-01].Nuffield Council on Bioethics,https://www.nuffieldbioethics.org/.

② 2017年美国总统特朗普上台后,没有签署延续总统生命伦理研究委员会的相关行政令,总统生命伦理研究委员会从此被解散,且一直没有恢复。

③ 参见:Presidential Commission for the Study of Bioethical Issues[EB/OL].[2024-09-01].Presidential Commission for the Study of Bioethical Issues,https://bioethicsarchive.georgetown.edu/pcsbi/node/851.html.

善科技伦理治理体制机制的重要实现路径,可以有效防范科技发展的不确定性风险,从而促进科技向善、增进人类福祉。国家科技伦理委员会要求各地方、各部门、各单位和各科技人员遵守国家相关法律法规和国际公认的伦理准则,加强对涉及人的生命科学和医学研究的伦理审查和监管,建立健全利益冲突管理机制和伦理审查质量控制机制,保证伦理审查过程独立、客观、公正。

(二)完善科技伦理委员会的实现路径

1.加强与中央科技委员会的沟通协调

中央科技委员会是党中央领导下的科技管理机构。在科学研究方面,党中央对科技工作集中统一领导,为科技创新发展提供坚强政治保障。因此,国家科技伦理委员会的建立应当以党中央为领导;中央科技委员会应在国家科技伦理委员会建立中发挥领导作用,确保国家科技伦理委员会由党中央领导。国家科技伦理委员会主要负责指导和统筹协调推进全国的科技伦理治理体系建设工作,制定科技伦理治理的总体规划、重大政策、重要制度,审议涉及重大原则、重大风险、重大争议的科技伦理问题,对重大违法违规行为提出处理意见,对国际科技伦理治理提出对策建议。同时,国家科技伦理委员会与中央科技委员会之间保持密切沟通协调,及时汇报工作情况和存在问题,听取指示和意见,保证工作方向和目标与党中央保持一致。

2.完善科技伦理委员会的分级分类体系

根据不同领域、不同层级、不同类型的科技活动的特点和需求,完善分级分类的国家科技伦理委员会体系,形成上下衔接、相互配合、各司其职、有效运行的工作格局。具体而言,各省、自治区、直辖市成立地方科技伦理委员会,负责本地区科技伦理治理工作;各相关部门成立专业领域的科技伦理委员会,负责本部门本领域的科技伦理治理工作;各高等学校、科研机构、医疗卫生机构、企业等单位成立单位内部的科技伦理(审查)委员会,负责本单位内部的科技伦理审查和管理工作。各级各类科技伦理委员会按照统一的标准和程序开展工作,并接受上级或者主管部门的指导和监督。

3.优化科技伦理委员会的组成和运行机制

各级各类科技伦理委员会成员由具有相关专业知识和经验的专家学者、政府官员、社会代表等组成，兼顾多元化和代表性，避免利益冲突和利益输送。国家科技伦理委员会的成员应当以专业人士为主体，即主要由各个领域的专家学者、医生、律师、哲学家等组成。除此之外，在管理层面，除了专业人士之外，还应有政府部门的代表参与其中。这样一来，既能保证国家科技伦理委员会实现"内行指导内行"，也能让政府实现对国家科技伦理委员会的监管和掌控。国家科技伦理委员会在运转的过程中应当保证其独立性，保证科技相关的活动不受"外行"干涉，也应保证其在涉及伦理的关键问题时，由政府把住大方向盘，避免其走向错误的轨道。同时，各级各类科技伦理委员会定期召开会议，按照议事规则进行讨论和表决，形成书面的审查意见或者决议，并向社会公开。各级各类科技伦理委员会建立健全内部管理制度，加强科技伦理专业人才培养和能力建设，提高工作效率和质量。

4.强化科技伦理委员会的基本职能

根据国内实际情况，科技伦理委员会在建立时应保证以下六大职能得到履行。一是对新兴科技研究可能导致的科技伦理问题进行识别与定义，提出相应的原则和标准。二是对面临伦理困境的科研方案，进行强制审核，并给出审查意见和建议。三是对已经触发或可能触发科技伦理危机的科学研究，采取相应的强制性措施，如停止资助、撤销成果、追回奖励、取消资格等。四是对科研领域的伦理问题，及时向国家政府部门提供相关建议，便于政府作出决策，辅助立法。五是对遵守和违反科技伦理规范的科研工作者和机构进行奖惩和监督，营造良好的科研环境和氛围。六是对公众进行科技伦理教育和宣传，增强公众对科技伦理问题的关注和参与。

综上所述，在建立和完善科技伦理委员会时，应当基于中国的特殊国情，在党的领导下推进制度建设；同时，也要借鉴其他国家和地区的先进经验和做法，加强国际交流与合作，参与全球科技伦理治理的规则制定和实践，探索具有中国特色的科技伦理治理路径；此外，还要加强对全社会的科技伦理宣传和教育，提高全民对于科技伦理问题的关注度和参与度。只有这样，才能有效地防范和化解科技活动中可能出现的伦理风险和危机，进一步促进科学事业的健康发展。

第二节　内部控制路径

完善科技伦理治理体制机制的另一条路径是内部控制路径。内部控制是完善科技伦理治理体制机制的重要路径,主要依靠高校、科研机构、企业等单位对科技人员进行科技伦理知识的教育和培训,强化科技人员的科技伦理意识和责任感,促进科技人员自觉遵守科技伦理规范和标准;同时,也依靠科技人员自身以及科研组织建立健全的道德规范和组织文化,形成良好的科技伦理风气和习惯,增强科技人员的自我监督和互相监督能力。内部控制路径的作用发挥是内在的,可以从根本上激发科研人员的科技创新动力和潜能,促进科技活动、社会需求以及价值观之间的协调一致。

一、科技伦理教育

科技伦理教育作为现代科学研究与教育的重要内容,通过教学、培训、研究等方式,提高科技工作者和公众的科技伦理意识和素养,促进科技活动的合理、合法、合规进行,推动科技创新与社会价值的有效统一,保障科技发展的可持续性和社会责任性,为完善科技伦理治理体制机制提供人才支撑和思想基础。具体来说,科技伦理教育可以在技术哲学的指导下改善科学研究中的伦理行为,从源头上预防和减少科技伦理风险,培养科技工作者的道德自律和社会责任感,增强公众对科技发展的理解和参与,形成科技向善的社会共识和价值导向,促进科技与社会、自然和人类的协调发展。因此,科技伦理教育是完善科技伦理治理体制机制的重要路径。完善科技伦理教育,可以更好地解决科技伦理问题,从而最大限度地提高科学研究的可持续性。目前,科技伦理教育已经在世界范围内得到越来越多的推广与实施。

(一)科技伦理教育体系的发展

科技伦理教育体系主要包括高校、科研机构、行业协会等多层次的教育主体,以及课程设置、教材编写、师资培训、评价考核等多方面的教育内容。高校是科技伦理教育的主要阵地,科研机构是科技伦理教育的重要载体,行业协会是科技伦理教育的重要支撑,教材编写是科技伦理教育的重要内容,师资培训是科技伦理教育的重要保障,评价考核是科技伦理教育的重要反馈。国内的科技伦理教育体系及其运行在不断完善和发展,但与国际先进水平和国内科技发展的需要相比,仍然存在不小的差距和不足,需要进一步在科技伦理教育的课程设置、教材编写、师资培养、教学模式等方面进行改革和创新。

近些年来,我国科技实力迅速提升,科技创新指数排名连续9年稳步上升,国际顶尖期刊论文数量排名世界第二,实现了在世界科技舞台上由"跟跑"到"并跑"乃至在部分领域"领跑"的转变。[1]与此同时,国内科技专业知识教育得到了较为充分的重视和发展。科技专业知识教育注重理论与实践相结合,培养了一大批具有创新精神和实践能力的科研人才,为科技事业的发展作出了重要贡献。科技伦理教育步伐明显加快,特别关注科技伦理教育的教师投入和产出。目前,"工程伦理"课程已经正式纳入工程硕士专业学位研究生公共必修课,高校科技伦理教育专项工作组正在组织相关院校专家学者开展教材编写工作。高校还开展了针对新兴前沿科技的伦理问题的专题研讨会,形成了经典案例教学材料,丰富了教学形式。[2]科技伦理教育旨在培养具有较高道德思想政治水平和专业水平、身心健康、趋向社会现代化的科学研究人才,同时推动伦理教育现代化。

(二)科技伦理教育的主要问题域

尽管国内已经在科技专业知识教育领域取得了相当大的成就,开始重视和发展科技伦理教育,但现实中仍然存在如下问题值得关注。[3]

1.对科技伦理教育的重视不足

目前,科技伦理教育在国内尚未完全得到应有的重视。伦理学仍处于新兴交叉学科的边缘,传统的工程伦理学课程不可能涵盖所有的科技伦理相关内容。

---

[1] 参见:加快推进高校科技伦理教育[N].光明日报,2022-05-10(13).

[2] 参见:加快推进高校科技伦理教育[N].光明日报,2022-05-10(13).

[3] 参见:加快推进高校科技伦理教育[N].光明日报,2022-05-10(13).

近年来高校通常将学术伦理与学术论文写作结合进行科技伦理教育。但是,科技伦理教育涉及的领域非常广泛,不应仅局限于论文写作方面。

2.科技伦理教育思想偏向传统德育

传统的科技伦理教育倾向于文明知识传授和公益方向。随着历史的发展,我国建立了以大局为中心、以集体主义为中心的伦理道德模式,以大局为重,以求和谐。因此,传统的科技伦理教育更加注重传统德育,而忽视现代伦理培养,包括义务论、权利和功利主义等。由于多元文化和实用主义的影响,科技伦理面临着价值标志、选择标志和实用标志的伦理困境与挑战。因此,科技伦理教育的目标应该是,培养具有较高道德思想政治水平和专业水平、身心健康、趋向社会现代化的科学研究人才,同时推动科技伦理教育思想现代化。

3.科技伦理课程和教材资源不够系统

高校里的科技伦理教育课程设置零散化,往往根据学校或者院系自身特点设置,且课程属性以选修居多,无法涵盖所有相关专业学科的学生。同时,缺乏统一的课程标准和考核方式,也难以保证教学质量和教学效果。此外,还缺乏适合国情的、高标准、成体系的可用教材,教授内容仍以介绍西方理论为主,与中国科技发展结合度不够,体现出的伦理思想和立场也较为散乱。特别是当前的课程与教材缺少针对新兴前沿科技伦理问题的案例分析和讨论,不利于培养学生的创新思维和批判性思维。

4.科技伦理教育师资队伍不够专业和稳定

在国内的高校中,科技伦理教育师资队伍构成因校而异,存在不平衡、不充分的问题,缺少稳定的学术研究支撑,而且授课内容受任课教师的影响较大。现实中缺乏兼具自然科学与人文社会科学背景的交叉学科人才,对于当代前沿科学技术中的伦理维度缺乏准确感知和深刻理解。

科技伦理教育对于完善科技伦理治理体制机制具有积极的影响。首先,科技伦理教育可以提高科研人员的伦理意识和素养,使其能够在科学研究中遵循基本的伦理准则和规范,自觉履行社会责任和道德义务,减少甚至避免因科研人员伦理意识缺失造成的不良后果。其次,科技伦理教育可以促进科研人员与社会公众之间的沟通和交流,增进相互了解和信任,建立良好的合作关系,共同推动科技进步和社会发展。最后,科技伦理教育可以培养科研人员的创新精神和批判思维,有助于其在探索未知领域时保持开放和审慎的态度,不断反思和完善自己的研究方法和成果以及其对社会和自然的影响。

(三)完善科技伦理教育的实现路径

加强对科技伦理教育体系的建设,能够使科技伦理教育成为完善科技伦理治理体制机制的稳固路径。这一路径主要体现在以下方面。

1.改革科技伦理教育的课程设计

第一,科技伦理教育需要改革其课程设计和安排。科技伦理教育的课程安排主要有三大改革方向。一是进行跨课程的伦理理论教学。从理论上看,这是一种更容易接受的方法,既可以改变科技伦理教育目前的尴尬地位,也可以保证伦理教育不喧宾夺主,挤占主要教育的地位。二是将一门或多门关于科技伦理问题的课程作为核心通识教育要求的一部分。这样的目标可以是分布式的,也可以是集中式的。分布式版本要求每个学科教授自己的课程,各个科学研究领域进行各自的通识伦理教育,物理、化学、生物学或计算机都能对自身领域相关的社会和伦理问题展开教育;集中式版本要求有一个必修的核心课程,涉及不同学科的一系列问题和不同科学领域的一些共同的科技伦理问题。三是进行职业伦理道德教学。职业伦理道德教学的主要趋势是采用分布式方法,要求每个学科教授自己的课程,对未来进行就业的学生提前进行伦理道德教育。

第二,在科技伦理教育本身的课程设计上,需要作出相应的改变。科技伦理教育课程的设计的主要方法是"总论(一般主题)"和"分论(子主题)"的结合。总论或"一般主题",应包括整个科学研究各个领域共有的内容。相比之下,分论或"子主题"讨论的是特定的科学研究领域(譬如,大数据技术、基因工程技术)以及特有的问题或案例。同时,高校在进行科技伦理教育课程教学时也应采用团队教学模式:总论,即一般主题通常由人文社科教师教授;而分论,即子主题通常由各自科研领域内的教师教授。通常情况下,科技伦理的新知识主要在一般性课题的教学中引入,而在进行子主题的学习时,学生应该应用从一般主题中学到的基础知识,结合子主题的特殊内容,将二者融会贯通。同样,各自科研领域的教师在教授子课题时,为了保证能够将相应伦理知识顺利地传递给学生,不仅要讨论自己领域的具体案例,也要分享自己在专业领域的实践经验。常见的科技伦理教育的一般主题内容包括科技伦理理论背景、科技史、科学研究如何作为一个社会过程(譬如实现社会价值,受社会规范的约束)、科学伦理理论和原则、"典型"的伦理道德问题、职业美德、集体治理——科技伦理要求事件中所有相关人员分担责任、科研人员的责任、科学研究风险以及科学技术的社会影响等。

第三,科技伦理教育的课程设计不应只有教育部分,还应鼓励学生主动进行研究。教育作为文化和知识的传播的途径,同时也是文化和知识生产的推进方式,两种形态相辅相成。无论是在自然科学领域还是人文社会科学领域,研究已被认为是高校学习生活中不可或缺的一部分,不仅对教师是如此,对学生也是如此。因此,在高校里,科技伦理教育的课程不仅需要科技伦理教育,也需要科技伦理研究。科技伦理研究要采取与其他学科不同的形式,应努力扩展或深化批判性科技伦理反思,探索新的教学和学习科技伦理的方法,这样可以有效促进科研领域跨学科科技伦理研究合作,并使其成为统一的活动。政府、科研机构与大学可以通过一项或多项活动来追求科技伦理教育与研究的一项或多项目标:行政举措,独立研究,课外活动和公开讲座,课程中的客座讲座,独立课程,与教师在研讨会、教学和研究方面的合作以及对教师的教学评估。在这几个主要的活动中,三个中间选项——课外活动、客座讲座和独立课程——应是在大学校园推进科技伦理教育时实施的最多活动。科技伦理学的共同研究可以在不同科学研究领域间建立桥梁并促进跨学科的理解。

2.丰富科技伦理教育的教学方法

案例研究是科技伦理教育的重要部分,也是科技伦理教学的主流方法,而且在国内的伦理学教育中非常盛行,因而加强科技伦理教育应当把科技伦理案例研究的改善作为其中的重要一环。案例研究法在国内的流行,在很大程度上是受到美国经典教科书往往包含大量案例的影响。不过也正因如此,案例研究教学法受美国影响较深,自然地存在一些需要克服的局限性。部分源自美国背景下的案例研究教学法没有将案例与学生的特定学习需求、学术背景和职业目标有效联系起来。同时,在案例研究教学中,大多数正在使用的教学案例都已经过时或是已经不符合国内实际情况,需要更新教学所用的案例以及案例研究的伦理教学法。同时,在国内教师应用案例教授科技伦理时,往往把案例当成"理论实验场"。换句话说,案例已经成为教师期望学生简单地应用其在课堂上学到的科技伦理理论和工具的地方。这种方法最大的问题是,学生通常没有动力充分参与到这些案例的讨论中来。部分学生认为,教师在教学时使用的大多数案例都与学生的兴趣和学术背景相去甚远,因此与学生无关,而学生也缺乏对这些案例进行研究的兴趣,这进一步导致教师和学生都缺乏足够的技术知识和培训来了解案例的细节,甚至会导致学生开始对使用案例进行质疑,进而质疑科技伦理理论。因此,对学生有效的伦理教育方法应该具备对学生的实际教学意义,需要国内的科技伦理教育的教学方法作出以下五个方面的改变。

第一,教师应考虑教授一种"现场伦理"。更具体地说,伦理教师需要邀请一线科研工作者到课堂上,与学生分享他们的日常经验,包括他们在工作时遇到的实际道德案例。然后,邀请学生在小组内与一线科研工作者深刻讨论这些真实案例。这种方法的优势在于,在讨论现实中容易发生的科技伦理问题时,一线科研工作者和学生都可以发展各自的兴趣和动力。一线科研工作者看到了自身的经验对于教育未来负责任的新一代科研工作者的价值,而学生们发现了这些相关性案例来发展自身的职业身份和未来的职业目标。

第二,科技伦理教育不仅要对发生在几十年前、而且已经过时的经典科技伦理案例进行合理的扬弃,还需要将社会调查纳入课堂。更具体地说,鼓励学生"进入该领域"。通过进行社会调查、访谈和其他实证研究,研究与科技伦理相关的当前热门但有争议的社会话题。这种实用的科技伦理教学方法,可以激发学生对学习伦理的热情。除此之外,学生可以与政府监管机构分享他们的报告,这种方法有助于进一步拓宽学生对科技伦理研究的政策相关性的理解。

第三,科技伦理教育还应强调科技伦理对社会和社区变革的实际意义。教师应主动要求学生们观察和反思校园中科学研究的伦理意义,还应思考如何重新进行这些科学研究以培养学生所坚持的道德价值观。

第四,在科技伦理教育的课堂上,教师可以进行类似于"日常科技伦理"的教学。"日常科技伦理"的内容集中在科技伦理教育的实践层面。教师应经常带领学生讨论看似微不足道的日常技术(譬如,手机和厨房用具)的伦理细微差别。

虽然这些技术看似微不足道,但是经过教育的潜移默化,这些微观案例在将学生自己的个人经历和动机带入伦理推理方面优于大规模灾难案例。

第五,在大学内部,教师可以推行一种实用的伦理道德教育方法,该方法被称为"情景教学",主要方式是邀请各个专业领域的学生在科技伦理案例中扮演不同的角色。这种方法与美国科技伦理教育中实施的角色扮演方法非常相似,唯一的不同是教师在进行这一种情景教学时,可以强调伦理学家在课堂上的参与。伦理教师可以作为类似于法官的存在,为学生提供伦理分析和推理的反馈。除此之外,虚拟现实等新兴技术,也可进一步提升学习科技伦理案例的"情境性"。

3.优化科技伦理教育的教师团队

我们应该组建什么样的教师团队,由哪些教师来进行科技伦理知识的教授,也是科技伦理教育亟须解决的问题。各个科学研究领域的教师一般会强调本专业知识和经验在教授科技伦理方面的关键作用。自然科学相关的教师认为,具有人文学科背景的教师在教授科技伦理方面存在局限性。人文社科相关的教师则会认为,自然科学方面的教师对于伦理学相关专业知识的掌握存在不足。目前,高校中的科技伦理教学一般由人文社科相关的教师来负责教学任务,但这一方式也存在自身的问题。一般而言,科技伦理教学中单纯依靠人文社科教师,存在两大局限。

第一,人文社科师资力量无法满足教学需求。国内高校一般一年能够招收上千名学生,倘若科技伦理要成为高校的一门必修课,高校就要为科技伦理教育准备足量的教师,而这对于不少的高校而言都是一个较为沉重的负担。即使高校可以选择让一名教师教授200名学生,这也要求高校要有能够提供几十位教授科技伦理知识的教师的能力,而一般高校往往缺乏能够满足这一教学要求的人文社会科学教师。

第二,人文社科教师在教授科技伦理时倾向于过度理论化科技伦理。人文社科教师受限于自身的研究背景与教学习惯等,在进行科技伦理教学时往往具有将科技伦理过度理论化的倾向。这一情况对于具有良好人文和社会科学背景的学生来说尚可接受。然而,对于大多数理科与工科学生来说,其人文社科背景薄弱,过度将伦理理论化的教学方式会导致这些学生在学习科技伦理与跟上教师的教学步伐上面临挑战。由于在教育过程中科技伦理被过度理论化,它近乎成为伦理学的专业课程,学生在学习过程中甚至会对科技伦理学习产生一定的负面情绪,以至于影响学习效率。

因此,有效的科技伦理教学应与科技实践相结合,融入"专业课"中。科技伦理教育需要理工科教师参与,这是由于理工科教师参与科技伦理教育可以"让教学更生动""对理工科学生产生真正的影响"。除了理工科教师外,部分政府官员也可以参与科技伦理教育,譬如负责调查工业生产安全问题和科学研究问题的官员。这一部分的政府官员一般拥有比自然科学相关学院更多的关于科学研究可能存在的事故资源和信息,他们在课堂上可以提供很好的数据。而在这之前,部分自然科学学院获得的大多数信息甚至实际上来自互联网。科技伦理教学同时还需要跨学科合作,教师需要包括"伦理学家、科学教师和行业专家"。尤其是在高校同时具备伦理学家与科学教师的情况下,相对缺少的行业专家显得最为重要。伦理学家和自然科学学院之间的对话,对于科技伦理教育的跨学科合作非常重要。伦理学家应该为科学研究实践提供理论支撑。当代伦理学家不可或缺的任务是,对科学研究实践中的伦理问题进行概念化。早期的伦理研究研究的是人际关系,而今天的伦理学家需要研究一种以技术和科学研究实践为中介的新型人际关系。

当然,也不是所有的自然科学领域教师都做好了进行科技伦理知识教学的准备。因此,人文社科领域教师的力量也不容忽视,既懂科技伦理又懂科学研究实践的应用科技伦理教师是科学伦理教育中最为关键的师资力量的一部分。部分自然科学领域的教师通常没有足够的伦理道德知识,甚至还有一部分教师不知道伦理道德的概念是什么。因此让这部分教师来教授科技伦理时,他们自身的理论知识会出现明显不足,譬如,对基本的伦理道德规则、原则或理论框架一无所知,从未读过任何伦理著作,等等。除了伦理理论知识外,对自然科学领域的教师是否具有"人文情怀"或道德同情心的评估也是重要一环。这里的"人文情怀"或道德同情心应该是一种"对整个人类生命和存在的道德关怀"。一名优秀的科技伦理教师应该能够"同情他人的伤害和影响"。而部分科研工作者在成为教师之前,可能接受过"实现技术设计"和"忽略与科学研究实践相关的任何潜在风险和危害"的文化教育,因此,对于这一类教师的"人文情怀"与道德同情心,必须进行相应的评估。

4.区分科技伦理教育中的"宏观伦理"与"微观伦理"

完善科技伦理教育体系,需要区分科技伦理教育中的"宏观伦理"与"微观伦理",以及考虑哪一种伦理更为重要。根据约瑟夫·R.赫克特(Joseph R. Herkert)的观点,微观伦理是指"考虑科学研究的个人和内部关系"的伦理问题,而宏观伦理是适用于"专业的集体社会责任和有关技术的社会决策"的那些问题。[①]为了伦理教育能发挥更好的效果,科技伦理教育应该更多地关注微观伦理,将微观伦理放在伦理教育的第一位置,而将宏观伦理放在相对次要的位置。

将微观伦理放在首要位置,原因主要有四点。一是科研工作者自身具有道德能动性,而不是其创建的科学研究项目具有道德能动性。科研工作者应该对科学研究项目产生的结果负责,而不是项目对结果负责。二是宏观伦理或科学研究所包含的社会和组织伦理"太模糊"。科学研究的社会和组织环境比科研工作者更难改变。如果科学伦理教育停留在对社会和组织环境的讨论,可能会导致最终没有实际人员对具体的科技伦理进行负责。三是科研工作者在"科研社区"中担任的角色(譬如员工、设计师等),为科研工作者指定了具体的角色职责。虽然这种角色伦理方法存在一定的局限性,譬如,并非每个科研工作者都具有良好的伦理道德敏感性和推理能力,他们可能会认为尽管研究时发生的科技伦理问题可能与角色有关,但是不应为科技伦理问题承担全部的责任。然而,科技伦理教育中仍旧需要教育这样一种角色伦理,要求科研工作者在自身的实践中主动承担责任,这有利于保证科研工作者对其实践活动可能造成的伦理问题保有最基本的责任心。四是科技伦理需要个性化的发展。每个学生都是不同的个体,个性化的微观伦理可以激励学生在课堂上学习科技伦理,并将伦理与自己的生活和职业目标相关联。

当然,教育重心为微观伦理也并不代表就此放弃宏观伦理。相反,宏观伦理在辅助微观伦理的教学中,也占有一席之地。

---

① 参见:HERKERT J R. "Future Directions in Engineering Ethics Research:Microethics,Macroethics and the Role of Professional Societies"[J]. *Science and Engineering Ethics*,2001(7):403-414.

一是科技伦理不应该只关注科研工作者的个人责任,还应关注"科研社区"的集体责任。科研工作者虽然在科学研究中扮演着不同的角色,各自承担不同的责任,但个人承担的责任终究有限,责任需要在所有利益相关者之间公平分配。这种方法是对科学研究中各个角色的责任的合理处置,为科研工作者分配与他们在社会中的角色成比例的适当责任,有利于保证科学研究良性发展。

二是只教授微观伦理会造成"只有科研工作者对科学研究的事故和灾难负责"的印象,以及自然科学与人文和社会科学之间的紧张关系(尤其是当人文和社会科学教师正在向理工科学生教授伦理学或正在讨论时)。科技伦理不应局限于职业道德,其需要涵盖科学研究的各个阶段,以及不同的利益相关者应遵守的规范。毕业后,学生可能会在"科研社区"中担任其他角色,而不仅仅是单纯的科研工作者。

三是"简单地告诉科研工作者需要做什么"的微观伦理忽略了科学研究实践的"更大背景"。换句话说,微观伦理方法很大程度上是针对科学研究者的"去语境化"伦理原则和法规(其中大部分是"不应该做的")。微观伦理方法对科研工作者在非常复杂的社会环境中需要做什么,提供了非常有限的指导。只教授微观伦理会导致科研工作者未来步入社会在面对复杂的社会环境时失去伦理判断的能力,对事关社会乃至全人类的大事难以抉择。

四是微观伦理中强调的伦理原则"并不新鲜"。在很大程度上,人类在道德发展的早期阶段就开始学习类似的原则。譬如,人们在年轻时都被告知要诚实。但是科学研究有所不同,每个科研领域都有自己的专业规范,学生们可能并不了解这些规范。但是,当学生未来成为各自领域的科研工作者时,他们将必须遵守这些规范。处于自身领域的科研工作者每天处理的技术"更具体",而且"更接近科研工作者的职责"。对科研工作者而言,反思性技术实践产生的科技伦理判断比一般的道德规范更重要。

总而言之,高校开展科技伦理教育工作时要树立正确的理念。高校不仅要进行专业知识的教授,还应加大对科技伦理相关知识的输出,将德育与科技教育相结合。高校在教授科技伦理时,通过系统的教育,让学生了解到科学技术的发展与实现人类社会进步之间的关系,逐渐帮助他们树立为人类文明进步服务的意识,自觉遵守伦理道德规范。高校本身还应该丰富科技伦理教育的教学形式,不只是要求人文社科类的老师来进行科技伦理的教育,还应要求自然科学领域的老师来进行亲身的案例教导,改变枯燥、乏味的伦理说教方式,营造浓厚的科技伦理氛围。除此之外,还可以进行跨课程的科技伦理教育,拓宽伦理教育的广度和深度。在进行科技伦理教育的同时,注重一般主题与子主题的结合,由人文社科教师来教授一般主题课程,自然科学类的教师来教育各自子主题的课程。通过组织讨论、辩论等形式,强化学生对科技伦理相关知识的认识和了解。同时,一方面,高校应利用互联网,打造线上精品课程,开辟新的知识传播渠道;另一方面,高校还应多组织实践活动,譬如校园科技节,使学生们的科技伦理意识在活动中得到强化。此外,高校还可以邀请专家学者开展主题讲座,增强伦理教育的说服力,帮助大学生建构正确的伦理价值观。应该丰富教学内容,增强知识的实用性,尤其是改善科技伦理教育中案例研究的方式,更新科技伦理教育的案例,保证案例的时效性。高校可以鼓励学生进行"社会调查",在实践中学习科技伦理知识。在教育时高校也可以采用情景教学,让学生沉浸式地获取科技伦理相关知识。课程内容要结合当前科学发展的趋势,以及现实中的问题。课程教育时注重微观伦理的教导,同时辅以宏观伦理,保证学生能够全面地接受科技伦理各方面的知识。

二、科技人员道德品质

在完善科技伦理治理体制机制中,科技人员的道德品质是进行科技伦理内部控制至关重要的一部分。科技人员负责任的行为,除了需要由外部因素控制以外,还要受到"心理因素"的影响。当然,科技人员自身的责任,是不能用"对某些人或某个人负责"这样的字眼来表达的,这是因为责任是一种"道德的"责任以及一种理想化的责任。这种责任具体到科技人员身上就是他们自身的道德品质,它是对于科技伦理的一种责任情感和责任意识。

(一)科技人员道德品质的重要性

法律法规、规章制度对科技人员的规制与约束是在制度范围内的,是通过让科技工作者"不敢"或是"不能"的方式来维护科技伦理,完善科技伦理治理体制机制,而法律、制度并不适合用来确保负责任的科学研究行为。在现代社会中,科学研究人员无论是进行单纯的科学研究,还是在涉及科学研究成果的利用时,都经常被卷入科技伦理决策。同时,科学研究的各类相关活动的复杂性,也使科学研究人员不可能将所有的活动都推给政府部门去进行审查与判断。而且,对于政府官员来说,行政人员的职责就是最大限度地保持公正,这样政府官员可能会避免直接接触科研工作者,政府人员和科研工作者甚至不能够进行充分的交流,因而不能通过达成共识的方式来保证其职责。因此,依靠法律与制度的外部控制,难免会遇到受限制的情况,这凸显了科技人员利用自身道德品质进行内部控制的重要性。

科技人员道德品质对于完善科技伦理治理体制机制具有重要作用,能够提高科技人员对于自身行为和可能造成的后果的认知水平和判断能力,从而促进科技人员作出符合公共利益和社会责任的决策。科技人员的道德品质是由两种主导因素进行"内部控制"的,分别是科技人员的技术知识和采取某种行为的内心态度及立场。科技人员的技术知识使他们在开展科学研究时,在作出涉及科学研究成果相关活动的伦理判断与抉择时,能够对自己的所作所为有清晰的认知,并能对自己的举动可能造成的影响有明确的认识。科技人员采取某种行为时的态度与立场,直接影响科技人员在开展科学研究时,涉及科技伦理相关判断时,能够作出的反应和采取的决策。技术知识应该是科学研究人员得以保持道德品质与责任行为的标准,而不仅仅是科学研究人员开展相关研究的需求。同样,科技人员能够在采取某种行为时保持正确的内心态度与立场,应当是科技人员保有其宝贵道德品质、发挥内部控制作用的必要条件,而不仅仅是科技人员需要"大发善心"和保证"人文情怀"才能拥有的品质。

因此,科技人员拥有良好的道德品质,明确自身的伦理责任与法律责任,对于完善科技伦理治理体制机制的内部控制十分重要。科技人员自身所扮演的角色决定了一旦遭遇科学研究中的伦理风险,应当凭借其专业知识承担相应的责任。而上文提到,科技伦理法律和制度在实行过程中有其局限性,对科学研究产生事故的风险评估是十分复杂的,这要求科技人员在面对科学研究中的伦理风险时需要明确自身责任。科技人员对自身责任的明确,事关科研人员在伦理风险中的判断与抉择。科技人员如果具有良好的道德品质,就能够在科学研究中发生伦理道德风险时,利用自己的专业知识,对自己的选择可能带来的结果作出一定程度的判断,随后,科技人员能运用自己的反应能力,作出对公众、对社会而言最有利的决策,保证公共利益不受过多损害。如果科研工作者的专业知识更为丰富,同时具有高度的道德品质,那么就能在科技伦理风险未发生之前就避免它发生。通过在科技伦理风险发生后进行良好的处理以及预防科技伦理风险,科研工作者可以利用自身的道德品质,实现科技伦理治理的内部控制。

(二)科技人员道德品质的基本内容

科技人员的道德品质是科技人员在开展科技活动时,应遵循的价值理念和行为规范,是科技人员的基本素质和职业道德。

科技人员的道德品质主要包括四个方面。一是科学精神。科学精神是指科技人员在科学研究和技术开发中,应持有的创新、求实、协作、奉献的态度和品质,是科技人员从事科技活动的内在动力和价值追求。二是学术诚信。学术诚信是指科技人员在学术活动中,应遵守的诚实、公正、规范、责任的原则和规范,是科技人员保证学术质量和学术声誉的基本要求。三是科技伦理。科技伦理是指科技人员在涉及人类生命、健康、环境、社会等方面的科技活动中,应遵循的尊重、保护、公平、责任等原则和规范,是科技人员保障科技活动符合社会利益和人类福祉的重要保障。四是社会责任。社会责任指科技人员在开展科技活动时,应考虑他们对国家发展、民族进步、社会公益、个人成长等方面的影响和贡献,应积极参与社会服务和公益事业,应尊重多元文化和不同价值观,应维护国家利益和国际合作。

(三)提升科技人员道德品质的实现路径

要保证科技人员拥有良好的道德品质,进而成为完善科技伦理治理体制机制的有效内部控制路径,需要从三个方面着手。

1.加强科技人员的伦理教育和培训

伦理教育和培训是提高科技人员道德品质的基础和前提,它能够使科技人员掌握科技伦理的基本知识和原则,了解科技活动中可能遇到的伦理问题和挑战,培养自己的伦理判断和决策能力,增强自己的伦理责任感和使命感。伦理教育和培训应该贯穿科技人员的整个职业生涯,从学习到工作阶段,从基础研究到应用研究,从实验室到社会,都应该提供相应的伦理教育和培训内容和形式,使科技人员能够适应不同的伦理环境和需求,不断更新和完善自身伦理知识和能力。

2.建立科技人员的道德规范和激励机制

道德规范和激励机制是规范和引导科技人员道德品质的重要手段,它能够使科技人员明确自身在科技活动中应该遵守的道德标准和要求,激发自己遵守道德规范的动机和意愿,促进自身形成良好的道德习惯和行为。道德规范和激励机制应该结合科技活动的特点和发展趋势,制定具有针对性和可操作性的道德规则和指导原则,建立有效的奖惩制度和评价体系,对科技人员的道德行为进行正向或负向的反馈和调整,营造有利于科技人员展示道德品质的氛围和条件。

3.加强科技人员的伦理监督和评估

伦理监督和评估是保障和提升科技人员道德品质的重要保障,它能够使科技人员在进行科技活动时受到有效的监督和约束,及时发现并纠正科技人员可能存在的不道德行为或问题,提供改进和完善自身道德品质的建议和指导,促进科技人员不断提升自身的道德水平。伦理监督和评估应该建立在尊重科技人员专业性、创新性、自主性等的基础上,采用多元化、开放化、民主化的方式,充分利用社会公众、同行专家、行业组织、政府部门等各方力量,对科技人员在不同阶段、不同领域、不同层面的伦理表现进行全面、客观、公正、及时的监督和评估。

在完善科技伦理治理体制机制中,科技人员的道德品质是科技伦理体制机制内部控制中至关重要的一部分。科技人员道德品质对于完善科技伦理治理体制机制具有重要意义,能够提高科技人员对于自身行为和这可能造成的后果的认知水平和判断能力,从而促进自己作出符合公共利益和社会责任的决策。要保证科技人员拥有良好的道德品质,成为完善科技伦理治理体制机制的有效内部控制路径,需要从加强科技人员的伦理教育和培训、建立科技人员的道德规范和激励机制、加强科技人员的伦理监督和评估等方面进行努力。

三、科技类组织文化

在现代社会中,大部分科研工作者从属于公共科研机构或是企业内部的科研机构,因而科研工作者在进行科学研究时,基本上是处于团体中的,这说明科研组织内部的组织文化能够对科研工作者产生重要影响。同样地,在新兴科技不断发展的今天,科研工作者越来越多地被卷入专业性和高度技术性的决策中,以至于政府部门和公众都不能有效地对科研工作者的行为进行监督和控制。然而,一部分与科研工作者在同一机构、具有专业知识的科研工作者同僚们可以审查和评估科研工作者的行为。同僚的监督将会逐步在科研组织内部形成一种遵守科研伦理的组织文化。

(一)科技类组织文化的特性及影响

组织文化是指组织在其管理实践中,逐步形成的、为全体员工所认同并遵守的、带有本组织特点的使命、愿景、宗旨、精神、价值观和经营理念,以及这些理念在生产经营实践、管理制度、员工行为方式与对外形象的体现的总和。而科技类组织是指以科学研究和技术开发为主要业务活动的组织,包括科研机构、高等院校、企业研发部门等。科技类组织文化是指科技类组织在其科技创新实践中,逐步形成的具有本组织特色的科技价值观、科技精神、科技道德和科技规范等,以及这些理念在科技创新活动中的体现。

与一般性的组织文化相比,科技类组织文化具有三个特性。一是更强调创新性。创新是科技类组织的生命线,也是其核心价值观。科技类组织文化要求组织成员具有敢于探索、勇于突破、追求卓越的创新精神以及不断更新知识、提高能力、提升素质的创新意识。二是更重视专业性。专业性是科技类组织的基础和保障,也是其核心竞争力。科技类组织文化要求组织成员具有扎实的专业知识和技能以及严谨的专业态度和方法,遵循科学规律和逻辑推理,保证科技创新活动的质量和效率。三是更注重合作性。合作性是科技类组织的特征和优势,也是其核心动力。科技类组织文化要求组织成员具有团结协作、互相支持、共同进步的合作精神以及开放包容、交流分享、互学互鉴的合作意识,促进内部协同和外部联动,提高科技创新活动的广度和深度。

在科研工作者加入科研机构、科研组织形成时,科研组织内部就有一种重要的责任产生,这种责任叫作"内部审查",并慢慢发展成一种遵守科技伦理的组织文化。科技伦理法律与制度本身属于"一系列具体的指令",而科研组织形成的组织文化可能包含一些指令性的要素,尽管这些指令"与法律条文之间有着密切的关系",但无论如何,这一部分组织文化内部的"指令"也是以"思想与文化氛围"的形式出现,更像是"以一种创造性法案的形式出现,使其区别于法律本身"。因此,科技伦理法律制度等外部控制手段,这一类"具体的指令",不适合成为科研工作者的责任来源。虽然外部控制是必要的,但是"司法补救、法律责任以及委员会的纪律约束手段"都很难用来替代责任感。①外部控制中规范的机制难以对科研工作者负责任的行为应包括哪些内容提供明确启示。科研工作者面对科技伦理时不能是责任的唯命是从者,而应是责任的培养者。科研工作者可以保护责任的根基、激励责任的生长并给它提供适宜的发展条件,而由科研工作者共同组成的科研机构在共同培育责任的过程中,会形成相应的组织文化,以维护科技伦理这一份"责任"。而科研组织培育出的组织文化,又会反过来帮助组织内的科研工作者培养科技伦理意识。

科研组织培育的组织文化还会影响科研组织内部的"公众情感",尤其是科学共同体中不同成员与科技伦理的情感互动。在科研组织内部,科学共同体成员通过"要求、指责和建议的方式"与科研工作者进行自由地交流与沟通。②这些成员长期进行科研活动,直接与科研工作者进行沟通交流,在强调尊重科技伦理的组织文化熏陶下,逐渐形成共同的价值取向和情感认同,进而,在日常的项目讨论、技术支持和学术评议中,将这种情感传达给科研工作者。科研工作者也在持续的协作中调整自身行为,这不仅基于科研人员个人的伦理判断,还是主动参考科学共同体内部形成的集体共识的结果。这样,科研工作者自身的行为将会逐渐贴合组织文化对尊重科技伦理的要求。科研组织利用组织文化也会逐渐让科研工作者贴合自身的要求,逐渐让科研工作者的伦理判断切合科技伦理的要求,实现科技伦理治理机制的内部控制。

---

① 参见:曹宝石,袁文娜.政府官员引咎辞职研究[J].社会科学家,2004(4):122-124.

② 参见:张婧飞.我国行政执法内部环境分析:以行政伦理为视角[J].法制与经济(下旬),2012(3):172-173.

当科研组织通过组织文化达成内部控制时,这种内部控制所内化于科研工作者心中的价值观,将在科研工作者的科技决策过程中起作用。组织文化通过潜移默化的影响,让科研工作者逐渐实现"自律",即使上级或是同事不在场,或是科技伦理法律与制度原本的作用缺失,科研工作者的内心控制仍然在起作用,甚至当科研工作者进行某行为时缺乏相应的法律规定指导时,科研工作者仍可以求助于内心的伦理指导。当科技伦理制度控制与科研工作者个人的价值观不符时,科研工作者还可以为科技伦理制度的制定与决策提供迅速而直接的主导意见。

(二)科技类组织文化的要素及其问题

科技类组织文化主要包括四个要素。一是科技价值观,是指科技类组织对于什么是好的、正确的、有价值的科技创新活动所持有的基本信念和评价标准。二是科技精神,是指科技类组织在进行科技创新活动时所表现出来的一种积极向上、不断进取的精神状态和心理品质。三是科技道德,是指科技类组织在进行科技创新活动时所遵循的一系列道德规范和行为准则,包括对自己、对他人、对社会和对自然的道德责任和义务。四是科技规范,是指科技类组织在进行科技创新活动时所遵守的一系列制度规定和操作规程,包括科技创新的目标、流程、方法、标准、评价等。这四个要素之间是相互联系、相互影响、相互制约的。科技价值观是科技类组织文化的核心,决定了科技类组织的使命和愿景,也影响了科技类组织的其他要素;科技精神是科技类组织文化的灵魂,体现了科技类组织的特色和风格,也激发了科技类组织的创新动力;科技道德是科技类组织文化的基础,规范了科技类组织的行为方式,也保障了科技类组织的社会责任;科技规范是科技类组织文化的保障,制度化了科技类组织的工作流程,也提高了科技类组织的工作效率。

在现实中,科技类组织文化要素存在一些问题,主要体现在四个方面。一是科技价值观不够明确和统一,有些科技类组织缺乏清晰的发展目标和战略方向,有些则受功利主义和商业主义的影响,忽视了科学本身的价值和意义。二是科技精神不够强烈和持久,有些科技类组织缺乏创新氛围和激励机制,有些则受惯性思维和保守心态的束缚,不敢挑战权威和突破常规。三是科技道德不够严格和完善,有些科技类组织缺乏有效的道德教育和监督机制,有些则受利益诱惑和竞争压力的驱使,违反了学术诚信和社会公德。四是科技规范不够适应科技发展、亟须优化,有些科技类组织缺乏合理的制度设计和执行力度,有些则受过度规范和僵化管理的限制,影响了科技创新活动的灵活性和效率。

(三)完善科技类组织文化的实现路径

科技类组织通过组织文化达成内部控制,实现完善科技伦理治理体制机制的目标,需要做到五个方面。

1.建立和完善科技类组织内部的伦理道德准则

培育科技类组织内部的组织文化,需要组织所有成员的共同努力。关键在于,组织内部需要形成一套可行的科技伦理道德准则,明确规定科研工作者在科技活动中应遵守的基本原则、标准和规范,并将其纳入组织的管理和考核体系中,通过这一套道德准则来逐步改变组织成员的行为与个人决策,以进一步形成组织文化。科技伦理道德准则是科技类组织内部形成的一种共识性的文本,它反映了组织成员对于科技活动应该如何行事的共同认同和期待,为组织成员提供了一种行为指南和评价标准,也是组织文化最具体和最明确的表现形式。因此,建立和完善科技类组织内部的伦理道德准则是培育组织文化的重要步骤。科技类组织应该根据自身的特点、目标、任务、环境等因素,参考国家法律法规、行业规范、国际惯例等相关文件,结合实际情况和案例分析,制定出适合自己的科技伦理道德准则,并将其广泛宣传、普及、执行,并定期修订。同时,科技类组织还应该将伦理道德准则纳入组织的管理和考核体系中,将其作为评价组织成员业绩、奖惩组织成员行为、选拔组织领导干部等方面的重要依据。

2.建设科技工作者的伦理学习与交流平台

科技类组织需要为其成员提供丰富多样的伦理学习与交流平台,提高其对科技伦理问题的认识和敏感度,从而增强其自律和自我约束的能力。科技工作者是科技活动的主体,其伦理素养和责任感直接影响着科技活动的质量和效果。因此,必须从源头上为科技工作者提供充足和有效的伦理学习与交流平台,使他们能够掌握科技伦理的基本知识、原则和方法,能够识别、分析和解决科技活动中可能出现的伦理问题,能够树立正确的价值观和行为准则,能够在遇到伦理困境或压力时,坚持自己的伦理判断和选择,不受外界的干扰和诱惑。科技类组织应该根据不同层次、不同领域、不同阶段的科技工作者的特点和真实需求,建立和完善各种形式和层次的伦理学习与交流平台,譬如,伦理培训班、伦理讲座、伦理研讨会、伦理沙龙、伦理案例库、伦理咨询服务等,提高科技工作者的伦理学习兴趣和参与度,检验和评估学习与交流的效果,不断改进和完善伦理学习与交流的内容和方式。

3.营造尊重、信任、合作和创新的科技类组织文化氛围

一个尊重、信任、合作和创新的组织文化氛围,可以鼓励和支持科研组织内的科研工作者在科技活动中积极主动地关注和解决科技伦理问题,促进组织内部的沟通、交流和反馈。组织文化氛围是指组织成员在日常工作和生活中所感受到的一种心理状态和情感体验,它是组织文化的一种隐性和非正式的表现形式,能够深刻地影响和塑造组织成员的思想、态度和行为。因此,营造一个良好的组织文化氛围是培育组织文化的重要途径。科技类组织应该在组织内部形成一种尊重、信任、合作和创新的氛围,尊重科研工作者的个性、专业、自主性和创造性,信任科研工作者的能力、诚信、责任和担当,促进科研工作者的团队协作、分享和学习,创新科研工作者的思想、方法、技术和成果。在这样的氛围中,科研工作者会更加积极主动地关注和解决科技活动中的伦理问题,而不是回避或忽视。同时,科技类组织还应该促进组织内部的沟通、交流和反馈,建立有效的信息传递和意见表达的渠道和机制,鼓励科研工作者在科技活动中进行自由、平等、开放和多元的讨论和对话,及时发现、反映和处理科技伦理问题,从而形成一种良好的互动和协商的习惯。

4.健全科技类组织内部的伦理激励与约束机制

科技类组织内部需要建立起有效的激励与约束机制,对于遵守科技伦理道德准则并取得优秀成果或作出突出贡献的行为,给予正向激励;对于违反科技伦理道德准则或造成严重后果的行为,给予负向约束。伦理激励与约束机制是指组织内部为了激发科技工作者遵守科技伦理道德准则并实现自我完善而设立的一种奖励与惩罚相结合的制度安排,是组织文化中最具有激励力和导向性的表

现形式,能够有效地调动和引导科研工作者在科技活动中积极履行伦理责任。因此,建立和完善组织内部的伦理激励与约束机制是培育组织文化的重要手段。科技类组织根据自身的规模、性质、领域、目标等因素,设计出合理的伦理激励与约束机制,包括明确伦理激励与约束的对象、内容、标准和程序等。科技类组织需要明确规定哪些人、哪些行为、哪些结果应该受到伦理激励与约束,以及如何进行伦理激励与约束,避免出现任意性、随意性或不公平性;需要设置多元化的伦理激励与约束方式、手段,根据不同情况有针对性地选择,使科技人员能够充分发挥其作用;需要建立有效的伦理激励与约束的执行、监督机制,防止出现形式主义、官僚主义或腐败现象等。

5.灵活调整和更新科技类组织文化内容和形式

科技类组织需要随时关注外部环境的变化,根据不同领域、不同阶段、不同情境的特点,灵活调整和更新组织文化的内容和形式,使其能够适应科技发展的变化和需求,保持其活力和有效性。科技发展是一个动态变化和不断进步的过程,在不同领域、不同阶段、不同情境下,科技活动所面临的伦理问题和挑战也会有所不同,因此,组织文化也不能一成不变,而应该随着科技发展的变化和需求进行灵活调整和更新。科技类组织应该定期对组织文化中的内容和形式进行审视和评估,根据科技活动的实际情况和反馈信息,及时发现和解决组织文化中存在的问题和不足,如内容过时、形式单一、效果差等,并根据需要进行修订、补充或创新,使组织文化能够更好地指导和规范科研工作者的伦理行为,提高组织文化的适应性和有效性。

总体来说,通过培育符合科技伦理要求的组织文化,可以从内部提升科研工作者的伦理素养和责任感,促进其在科技活动中作出正确和合理的决策,从而完善科技伦理治理体制机制。具体来说,科技类组织需要通过加强科研工作者的科技伦理教育和培训,建立和完善科研组织内部的科技伦理道德准则,营造一个尊重、信任、合作和创新的组织文化氛围,加强组织内部的伦理审查和监督机制,根据不同领域、不同阶段、不同情境的特点,灵活调整和更新组织文化中的内容和形式,以实现科技伦理的合理融入。这样,科技类组织就能够形成一种有利于科技伦理的内部控制机制,使其能够与外部控制机制相互配合、相互支持、相互促进,共同推动科技伦理治理体制机制的完善。

第三节 本章小结

完善科技伦理治理体制机制以促进科技创新活动的健康发展和社会责任的履行,需要从外部控制和内部控制两个方面进行努力。尽管两种路径在主体、目标、方式上有差异,但都是相辅相成、不可或缺的现实选择,二者共同助力于科技伦理善治状态的实现。

外部控制路径具体包括两个方面。第一,完善法律法规体系。这是指通过立法或行政等方式,建立一套完整、统一、协调、有效的法律法规体系,对科技活动进行强制性约束和规范,保障科技活动的合理性、合法性和合规性。具体来说,需要加快制定涉及人类生命、健康、环境、社会等方面的重大或敏感领域的专门法律,如生物安全法、基因编辑法、人工智能法等;及时修订和完善已有的与科技活动相关的法律法规,如刑法、民法典、专利法、反垄断法等;加强对法律法规的执行和监督,建立有效的执法和司法机制,对违反法律法规的行为进行严肃查处;加强对法律法规的宣传和教育,提高公众和科研工作者对法律法规的认知和遵守程度。第二,完善已有的科技伦理委员会。这要求政府部门及各个科技领域根据自身的要求,在已有的国家科技伦理委员会上,完善整体的科技伦理委员会体系,对科技活动进行约束和规范,维护科技活动的公共利益和社会责任。

内部控制路径具体包括三个方面。第一,完善科技伦理教育体系。这要求根据现有的科技伦理教育体系存在的诸多问题,对症下药进行解决,使科技伦理教育体系能够符合飞速发展的科技对相应伦理教育的需求。第二,培养科技人员的道德品质。科技人员的道德品质是科技人员在开展科技活动时,应遵循的价值理念和行为规范,是科技人员的基本素质和职业道德,包括科学精神、学术诚信、科技伦理和社会责任等要素。通过各种手段培养科技人员的道德品质,能够从源头对科技伦理治理体制机制进行完善。第三,培育组织文化体系。这是指由科技类组织在其科技创新实践中,培育一种具有本组织特色的组织文化体系,对科技活动进行内部控制和规范,提升科研工作者的伦理素养和责任感。具体来说,需要建立和完善科研组织内部的科技伦理道德准则,明确规定科研工作者在科技活动中应遵守的基本原则、标准和规范,并将它纳入组织的管理和考核体系；加强科研工作者的科技伦理教育和培训，使其能够掌握科技伦理的基本知识、原则和方法，能够识别、分析和解决科技活动中可能出现的伦理问题，能够树立正确的价值观和行为准则；营造一个尊重、信任、合作和创新的组织文化氛围，鼓励和支持科研工作者在科技活动中积极主动地关注和解决科技伦理问题，促进组织内部的沟通、交流和反馈；加强组织内部的伦理审查和监督机制，设立专门或兼职的伦理委员会或其他类似机构，负责对科技活动中涉及人类、动物、环境等方面的伦理问题进行审查和评估，并给出相应的建议或决定；根据不同领域、不同阶段、不同情境的特点，灵活调整和更新组织文化中的内容和形式，使其能够适应科技发展的变化和需求，保持其活力和有效性。

科技伦理治理体制机制是一个涉及多方面、多层次、多领域的复杂系统，需要不断地与科技发展和社会变化相适应，不断地对它进行创新和完善。在当前，我国正处于科技创新的关键时期，面临着前所未有的机遇和挑战，完善科技伦理治理体制机制是实现科技强国和创新驱动发展战略的重要任务和迫切需求。完善外部控制和内部控制路径，有助于提升科技创新能力和水平，保障科技安全和利益，提升科技文明和形象，从而促进社会进步和发展。

第八章

迈向人人有责、人人尽责、
人人享有的科技伦理治理共同体

随着新兴科学技术的不断进步,科技伦理对科技创新的支持作用愈加明显,因而亟须完善科技伦理治理体制机制,不仅要加强科技伦理法律法规与科技伦理委员会的外部控制,也要实现科技伦理教育与科研组织文化的内部控制。科技伦理治理体制机制本身是一个多元主体参与的体系,主体包含了政府部门、科技伦理委员会、高校、科研机构与科研工作者等,这说明科技伦理治理的实现需要多元主体的共同参与。多元主体共同参与科技伦理治理的根本目的,是建构维护科技伦理治理共同体的合作秩序。

第一节　科技伦理治理体制机制迈向的共同体

如何在推动科技进步的同时确保其发展符合人类道德和社会正义的要求,成为全球各界关注的焦点。在此背景下,科技伦理治理体制机制逐渐成为国际社会合作的重点方向。科技伦理治理不仅关乎科学研究的规范性,更涉及科技产品和技术应用对社会的深远影响。因此,建立一个涵盖多方利益相关者的科技伦理共同体,探索有效的治理框架和机制,已成为迫切需要解决的议题。该共同体将致力于协调各国政策、倡导公平正义、保护个人隐私、维护社会稳定,确保科技发展在伦理和法律的双重约束下,朝着造福全人类的方向迈进。

一、科技伦理治理与共同体的天然关联

(一)科技伦理治理共同体概念的提出

"科学共同体"的概念最早出现在1942年波兰尼《科学的自治》一文中,他认为,科学家按专业形成不同的集团,总和而为科学共同体。[①]20世纪50年代,美国科学史学家托马斯·库恩(Thomas Kuhn)拓展了"科学共同体"的概念。他从科学哲学的范畴进行论述,认为科学共同体是以同一范式为范例的科学家集团。在常规时期,科学共同体在范式的指导下解决各种困难,使科学迅速发展,通过竞争,新范式推翻旧范式,实现"科学革命"。[②]在中国,伴随着科技体制改革的不断深化,"科技共同体"的概念逐渐形成。1978年全国科学大会召开后,12个省科学院相继成立,共同探讨中国地方综合科研机构遇到的各种问题,1984年在江西南昌市召开了第一届全国科学院院长联席会议,形成了一个以院长联席会议为纽带的紧密的科技集团。[③]"科技伦理治理共同体"的概念,主要政策来源是2022年3月20日中共中央办公厅、国务院办公厅发布的《意见》,其明确将科技伦理治理作为一个整体性概念提出。科技伦理治理共同体是一个由多个主体共同参与和协同治理的体系,这些主体包括政府部门、科研机构、高校、企业、医疗机构以及科学家、伦理学家和公众等。[④]共同体的目标是通过协同合作,监督和指导科技活动,确保科技向善,造福社会。科技伦理治理共同体的提出基于两个方面的理论基础:一是科技伦理转向科技治理的现实驱动,二是科技治理转向伦理治理的理论使然。在二者的耦合作用下,科技伦理治理实现了科技伦理和治理的有机结合。

---

① 参见:王学川.科技伦理价值冲突及其化解[M].杭州:浙江大学出版社,2016:39.
② 参见:赵建刚,吕兆毅,田乐远,等.关于"科技共同体"的构想[J].华东科技管理,1994(3):30-31.
③ 参见:赵建刚,吕兆毅,田乐远,等.关于"科技共同体"的构想[J].华东科技管理,1994(3):30-31.
④ 参见:于广莹,马文武.整体性视角下科技伦理治理的内涵及其意义[J].未来与发展,2024,48(1):1-7.

从"科学共同体"到"科技共同体"再到"科技伦理治理共同体"的演变路径，体现了科技治理理念从科学家群体内部的知识共享与合作，逐步扩展到包括地方综合科研机构的多元主体协同治理，再到现代社会中更为广泛和复杂的科技伦理治理体系。这一演变不仅反映了科学技术的发展和社会对科技治理要求的提升，也展示了科技治理从单一科学家群体到多元主体共同参与，再到强调伦理和社会责任的进化过程。通过这些演变路径，可以看到科技治理的不断深化和细化，科技伦理治理共同体的形成标志着科技治理进入了一个更为综合和系统的新阶段，强调了科技进步与社会福祉的协调发展。

(二)科技伦理治理共同体的内在逻辑

科技伦理治理与共同体之间存在天然的联系，这种联系基于共同的价值观、原则、要素、动力和方式，从而形成一个有机的整体，确保科技活动在伦理框架内进行，推动科技向善，造福社会。

一是以人民为中心、推动科技向善的价值导向。科技伦理治理共同体以人民为中心，强调科技发展的最终目的是增进人类福祉。这一价值导向是科技伦理治理的根本目标，确保科技活动服务于公众利益，推动科技向善。共同体的成员，包括政府、科研机构、企业、伦理学家和公众等，必须共同致力于实现这一目标，确保科技活动始终符合公众利益和道德准则。科技伦理治理共同体中的各主体通过共同的价值观念形成一个有机整体。以人民为中心的价值导向使得各主体在进行科技活动时能够自觉地将增进人类福祉作为出发点和落脚点，推动科技向善，形成共同体的内在统一性。

二是增进人类福祉、尊重生命权利、坚持公平公正、合理控制风险、保持公开透明的基本原则。科技伦理治理共同体基于增进人类福祉、尊重生命权利、坚持公平公正、合理控制风险和保持公开透明的基本原则。这些原则为科技伦理治理提供了明确的方向和标准，确保科技活动在伦理框架内进行。这些基本原则不仅是科技伦理治理的指导思想，也是共同体成员的行为准则。各主体在开展科技活动时必须遵循这些原则，确保科技活动的合法性和合规性。这种统一的行为准则有助于形成共同体内部的合作与信任，推动科技伦理治理的有效实施。

三是以法律法规、制度规范、组织架构、协调机制、文化氛围、价值共识为基本要素。科技伦理治理共同体依靠法律法规、制度规范、组织架构、协调机制、文化氛围和价值共识等基本要素构建一个结构化的治理体系,这些要素共同构成了科技伦理治理的框架,确保各主体在明确的规则和规范下开展科技活动。法律法规和制度规范提供了科技伦理治理的制度化保障,明确了各主体的权利义务和行为准则。组织架构和协调机制确保了科技伦理治理的统筹协调,文化氛围和价值共识增强了各主体的责任意识和伦理自觉性。这些要素的有机结合,形成了共同体内部的制度化保障机制,保障了科技伦理治理的系统性和持续性。

四是以创新发展、国际合作为基本动力。科技伦理治理共同体以创新发展和国际合作为基本动力,不断适应新兴科技带来的伦理挑战。创新发展推动科技伦理治理模式的不断优化和完善,国际合作促进全球范围内科技伦理治理的协同发展。通过不断的创新和国际合作,科技伦理治理共同体能够及时应对科技发展的动态变化和全球化带来的伦理问题。这种动态适应性确保了共同体能够持续发展,保持治理的前瞻性和灵活性,推动科技伦理治理的不断进步。

五是以多元主体的参与、协商、协作、共赢为基本方式。科技伦理治理共同体以多元主体的参与、协商、协作、共赢为基本方式,强调各主体在治理过程中的共同参与和协同合作。政府、科研机构、企业、伦理学家、社会团体和公众等多元主体通过协商和合作,共同制定和执行科技伦理规范。多元主体的共同参与和协同合作不仅提高了科技伦理治理的综合效能,还促进了各主体的互信和合作,实现了治理的共赢目标。通过多元主体的协同治理,共同体能够有效地应对科技带来的伦理挑战,推动科技向善,造福社会。

科技伦理治理与共同体之间的天然联系体现在共同的价值观、基本原则、结构要素、发展动力和治理方式上。通过以人民为中心、推动科技向善的价值导向,遵循增进人类福祉等基本原则,依靠法律法规和制度规范等基本要素,利用创新发展和国际合作的动力,以及多元主体的协同治理方式,科技伦理治理共同体能够形成一个有机整体,有效应对科技发展带来的伦理挑战,推动科技向善,造福社会。这种天然联系确保了科技伦理治理的系统性、持续性和有效性,构建了和谐、公正、包容的科技伦理治理体系。

（三）科技伦理治理共同体的协同治理作用

科学社会建制经历了小科学时代和大科学时代。小科学时代，科技伦理更多体现为科学家的个人道德信念；大科学时代，科技伦理事关整个人类社会的发展，需要推动各伦理责任主体共同发挥作用。①这是科技伦理治理共同体形成的原因和发挥协同治理作用的基石。

第一，多元主体的协同治理。在科技伦理治理中，政府、科技界、伦理学家、社会团体、利益相关者和公众等多元主体通过共同体形成协同治理模式。各主体在共同体内发挥各自的优势和功能，共同制定和执行科技伦理规范，提高治理的整体效能。协同治理模式能够确保各方利益和观点得到充分考虑和整合。

第二，共享信息和资源。共同体内的各主体通过共享信息和资源，能够更全面地了解科技伦理问题的各个方面。这种共享机制有助于各主体在制定治理策略时充分考虑多方意见和建议，形成更加科学和合理的决策。信息和资源的共享提高了治理的透明度和决策的科学性。

第三，增强政策执行力。共同体模式下，各主体共同参与科技伦理治理的政策制定和执行过程，通过多方协作和监督，提高政策的执行力和效果，确保治理措施得到有效落实。多方协作和监督机制能够确保治理政策的全面执行和效果评估。

第四，动态调整和优化。共同体内的多元主体通过持续的沟通和合作，可以根据实际情况和科技发展的动态变化，及时调整和优化科技伦理治理策略和措施。这种动态调整能力使得治理机制更加灵活、具有更强的适应性，能够有效应对新兴科技带来的伦理挑战。

第五，促进公共参与和监督。共同体模式鼓励公众和利益相关者积极参与科技伦理治理过程，通过公开透明的治理机制，让公众了解和监督科技活动的进展和影响，提升治理的透明度和公信力。公共参与和监督能够确保治理过程的公开、公正和透明。

第六，营造良好的科技伦理文化氛围。共同体中的多方合作，可以在社会中营造尊重伦理、重视科技伦理的文化氛围。伦理学家、社会团体和公众共同参与

---

① 参见：潘建红，杨珊珊.以科学共同体实践机制推进科技伦理治理[J].中国科学基金，2023,37(3)：372-377.

伦理教育和宣传活动,提升全社会的科技伦理意识和素养,形成良好的伦理文化基础。

第七,推动国际合作。科技伦理治理共同体不仅限于国内,还应积极参与国际合作。通过与国际组织和其他国家的协同合作,共同制定和实施国际科技伦理规范,推动全球科技伦理治理的协同发展,解决跨国界的科技伦理问题。国际合作能够提升全球范围内科技伦理治理的水平和协调性。

科技伦理治理与共同体的结合和协同作用,不仅提升了治理的效能和透明度,还增强了社会信任,促进了民主参与,构建了持续改进机制,并推动了国际合作。这种结合和协同作用使得科技伦理治理能够更加有效地应对复杂的伦理挑战,推动科技向善,造福社会。

二、科技伦理治理共同体是完善体制机制的必然走向

科技伦理治理共同体的构建和运作代表了现代科技治理体制机制的不断完善和进化。这一过程是应对科技迅猛发展和由此带来的复杂伦理问题的必然结果。

(一)应对复杂伦理挑战的需求

随着科技的快速发展,尤其是在生物技术、人工智能和信息技术等领域,新兴科技带来的伦理问题越来越复杂且多样化。这些问题不仅涉及技术层面,还涵盖了社会、法律和文化等多个方面。传统的单一主体治理模式难以全面应对这些复杂的伦理挑战。科技伦理治理共同体通过整合多方资源和智慧,实现多元主体的协同治理,能够更加全面和有效地应对这些挑战。这种模式代表了科技治理体制机制的升级和完善。

(二)提升治理效能的要求

单一主体的治理模式往往无法全面覆盖和解决科技伦理问题的各个方面。科技伦理治理共同体通过集聚政府、科技界、伦理学家、社会团体、利益相关者和公众等多元主体的力量,提高了治理的综合效能和应对能力。多元主体的参与

能够在不同层面提供专业知识和实践经验,从而提升治理的整体效能。这种多元协同的治理模式是科技治理体制机制不断完善的具体体现。

(三)增强社会信任的必要性

科技伦理治理需要社会各界的广泛信任与支持。共同体模式强调各主体之间的相互信任和支持,通过频繁的互动和合作,能够增强社会对科技伦理治理的信任度和接受度。信任关系的建立和维持是科技伦理治理共同体有效运作的基础,这种模式通过透明和公开的治理过程,增强了社会信任,提升了治理的公信力和效果,是完善治理体制机制的重要方向。

(四)促进民主参与的趋势

共同体模式下的科技伦理治理鼓励公众和利益相关者广泛参与决策过程,提升治理的民主性和透明度。这种参与不仅有助于提升治理的公信力,还能充分反映社会各界的利益和诉求,确保治理措施的公平和合理。科技治理体制机制的完善需要更多的民主参与和透明度,这也是共同体模式的重要优势和方向。

(五)构建持续改进机制的要求

科技伦理治理共同体中的多元主体可以通过持续的沟通和合作,不断优化和改进科技伦理治理机制,确保治理措施能够适应科技发展的动态变化,保持灵活性和前瞻性。动态调整和优化机制能够确保治理过程始终与科技发展的实际需求相匹配,是科技治理体制机制完善的核心要求之一。

(六)国际合作的需要

科技伦理问题往往具有全球性,国际合作是解决这些问题的重要途径。科技伦理治理共同体不仅限于国内,还应积极参与国际合作。通过与国际组织和其他国家的协同合作,共同制定和实施国际科技伦理规范,推动全球科技伦理治理的协同发展,解决跨国界的科技伦理问题。国际合作能够提升全球范围内科技伦理治理的水平和协调性,是完善科技治理体制机制的必然方向。

科技伦理治理共同体是完善体制机制的必然走向,因为它能够有效应对复杂的伦理挑战,提升治理效能,增强社会信任,促进民主参与,构建持续改进机制,并推动国际合作。通过科技伦理治理共同体的构建和运作,科技治理体制机制能够不断完善,适应快速变化的科技环境和社会需求,从而实现科技向善、造福社会的目标。这种多元协同、动态优化和国际合作的治理模式,是现代科技伦理治理体制机制不断发展的必然趋势。

第二节 人人有责、人人尽责、 人人享有的科技伦理治理共同体

在科技迅猛发展的时代,科技带来了巨大便利和进步,同时也伴随着复杂的伦理挑战。为了应对这些挑战,确保科技进步与社会道德相辅相成,构建一个人人有责、人人尽责、人人享有的科技伦理治理共同体是必要的。这一共同体的核心理念是每个主体都有责任参与科技伦理治理,从政府到企业、从学术界到普通公民,各方均应共同承担责任。政府应制定和执行相关法律法规,企业需遵守道德规范,学术界应保证科研的伦理性,公民则要提升科技素养并积极参与公共讨论。在这一框架下,多个主体将共同努力,确保科技发展公平地造福全体社会成员,实现科技进步与社会和谐发展的双赢局面。

一、科技伦理治理共同体的"人人有责"

"人人有责"强调的是所有参与科技活动的主体都应该承担相应的责任和义务。它主要体现为责任意识的普及和责任范围的确定,旨在构建一个责任分明、义务明确的治理框架。

(一)广泛参与

科技伦理治理需要包括政府、科研机构、企业、伦理学家、社会团体、公众等

在内的多元主体共同参与。每个主体都应认识到自身在科技伦理治理中的重要性，积极参与到治理过程中。广泛参与不仅是治理模式上的多元化体现，更是治理有效性和正当性的基础。科技伦理问题的复杂性和多样性要求不同主体从各自独特的视角出发，共同参与治理。政府的政策制定、科研机构的实际操作、伦理学家的专业指导、社会团体的动员宣传、公众的监督和评价，这些不同主体的协同合作能够形成多元化的视角和解决方案，提升科技伦理治理的全面性和有效性。广泛参与强调的是各主体在科技伦理治理中的权利与责任的平衡。各主体在治理过程中不仅享有参与的权利，同时也承担相应的责任和义务，这种权责对等的机制有助于实现科技伦理治理的公平和正义。广泛参与体现了现代民主治理的要求，科技活动影响社会的方方面面，其治理需要吸纳公众的意见和建议，尊重公众的知情权和参与权。通过广泛参与，科技伦理治理能够更加贴近公众需求，增强治理的民主性和透明度。除此之外，广泛参与还有助于构建社会信任。在科技伦理治理过程中，公众的参与不仅是监督和评价的过程，更是增进对科技活动信任的过程。多元主体的参与能够形成科技治理的社会共识，增强公众对科技发展的信任和支持。

(二)责任意识

"人人有责"要求各主体具备强烈的责任意识，认识到科技活动不仅是技术和知识的进步，还涉及伦理、社会和法律等多个方面。各主体应自觉遵守伦理规范，主动参与伦理讨论和治理。责任意识是"人人有责"的核心，它强调每个主体在科技伦理治理中的责任感和义务感。责任意识的内涵体现为伦理自觉的普及和规范意识的建立。

伦理自觉的普及包括伦理自觉与专业操守，以及社会责任感的提升。责任意识要求各主体具备强烈的伦理自觉，科技工作者应在专业操守的基础上，自觉遵守伦理规范，主动参与伦理讨论和治理，确保科技活动符合伦理要求。同时，责任意识的普及意味着各主体应认识到自身在科技伦理治理中的重要性，承担起相应的社会责任，关注科技对社会和人类发展的影响，积极履行社会责任。

规范意识的建立包括规则意识的强化和自律与他律的结合。责任意识要求各主体树立规则意识,自觉遵守科技伦理的法律法规和行业规范,通过强化规则意识,规范自身行为,防范和应对科技伦理风险。除此之外,责任意识不仅强调自律,还强调他律。各主体在自觉遵守伦理规范的同时,应接受外部监督和约束,自律与他律的结合能够形成科技伦理治理的双重保障,确保科技活动的合法性和正当性。

(三)职责范围

"人人有责"明确了各主体在科技伦理治理中的职责范围,例如,政府负责制定和实施相关法规,科研机构和企业负责开展符合伦理的科技活动,伦理学家提供专业意见和指导,社会团体负责动员和宣传,公众负责监督和评价科技活动。明确各主体在科技伦理治理中的职责范围,是确保责任分明、义务明确的关键。职责范围的内涵包括责任分工的科学化和责任体系的制度化。责任分工的科学化体现在分工协作的合理性和职能配置的优化上,通过明确各主体的职责范围,实现科学合理的责任分工,提高治理的效率和效果,同时优化职能配置,发挥各主体的优势和特长,形成合力,共同推动科技伦理治理的完善。责任体系的制度化则涉及制度保障的完善和问责机制的健全,通过制度化的设计和保障,制定和实施相关法律法规,建立健全科技伦理治理的制度体系,确保各主体在治理过程中履行职责、承担责任,并通过科学合理的问责机制,防止和纠正科技活动中的伦理失范行为,提升科技伦理治理的规范性和有效性。

二、科技伦理治理共同体的"人人尽责"

在共同体中,不同主体不仅有各自的责任,还需要切实履行这些责任。科学研究主体不仅要遵守科技伦理的基本原则和标准,还要主动参与科技伦理教育和治理过程,增强科技伦理意识和责任感。"人人尽责"进一步强调各主体在明确责任之后,切实履行其职责和义务。这一原则主要关注责任的落实和执行过程,确保每个主体在其职责范围内充分发挥作用。

(一)履行职责

"人人尽责"要求各主体在明确责任之后,积极履行其职责。履行职责不仅意味着对自身责任的认知,更意味着在实际行动中的落实。一是履行职责要求各主体对自身的职责有清晰的认知,并将这种认知内化为自觉的行动指南,确保职责履行具有方向性和目的性。二是履行职责不仅是一种被动的遵从,更是一种积极的、主动的行为,各主体应主动采取行动,推动科技活动在伦理规范下进行。三是职责的履行需要具体化和可操作性,即将抽象的责任具体化为可操作的行动。只有通过具体的措施和手段,职责的履行才能落到实处。例如,政府不仅要制定相关法规,还要监督和执行这些法规;科研机构和企业不仅要遵守伦理规范,还要设立伦理委员会,定期进行审查和评估。

(二)责任落实

"人人尽责"强调责任的实际落实过程,要求各主体采取具体行动来履行其职责,而不仅仅停留在责任意识层面。一是行动的有效性与实效性是关键,各主体的行动应具有实际效果,仅有责任意识而无实际行动,或行动无效,均难以实现真正的责任落实。二是过程的监督与反馈机制是保障,通过监督可以确保各主体的职责履行不偏离预定轨道,通过反馈可以及时发现并纠正职责履行中的问题,提升责任落实的效果。三是责任落实需要动态调整与优化,各主体应根据科技发展的实际情况和动态变化,不断优化其履责方式,以适应新兴技术带来的伦理挑战。例如,科研人员在日常科研活动中要不断学习和遵守科技伦理规范,伦理学家需要积极参与伦理审查并提供专业建议。

(三)持续改进

"人人尽责"还包括对职责履行过程的持续改进和优化,要求各主体根据实际情况和科技发展的动态变化,不断调整和优化其履责方式,确保科技伦理治理能够适应新兴技术带来的伦理挑战。一是自我反思与评价,各主体在履行职责过程中需要进行自我反思,发现不足,并通过评价确定改进的方向和措施。二是适应变化与创新,科技发展不断带来新的伦理问题和挑战,持续改进要求各主体能够适应这种变化,不断创新其履责方式,提升科技伦理治理的适应性和前瞻性。三是制度化与长效机制,持续改进需要建立相应的制度和长效机制,通过制度化的设计和保障,使持续改进成为常态,职责履行不断优化,科技伦理治理持续提升。

三、科技伦理治理共同体的"人人享有"

"人人享有"强调科技伦理治理的最终目的是让所有参与主体和社会大众共享科技进步带来的成果和福利。科技伦理治理不仅要保护公众的权益,还要确保科技发展成果惠及全社会。通过政府、科研机构、伦理学家、社会团体和公众的共同努力,可以实现科技伦理治理的公开透明、公平公正,从而增强公众对科技的信任和支持,推动科技的可持续发展。科研主体在享受科研保障和成果的同时,也需要承担起更多的社会责任,积极回应社会关切,推动科技伦理的普及和深化。

(一)共享科技成果

"人人享有"意味着科技进步的成果应公平地分配给所有社会成员,科技伦理治理需要确保科技创新带来的利益能够惠及全社会,而不仅仅是少数人或特定群体。共享科技成果的学理性内涵主要体现在科技民主化和普惠性原则两个方面。一是科技民主化强调科技创新和进步的成果应为所有人所共享,而不是被少数精英或特定利益集团所垄断,通过科技民主化,可以实现科技资源和成果的广泛普及,确保每个人都能从科技进步中受益。二是普惠性原则要求科技发展的成果应以惠及广大民众为目标,科技伦理治理应制定相关政策和措施,确保科技成果能够被广泛应用和推广,使更多的人能够享受到科技进步带来的福利。

(二)提升公众福祉

"提升公众福祉"是科技伦理治理共同体的核心目标,应以增进人类福祉为导向,推动科技进步服务于社会大众的需求。通过科学研究和技术创新,改善人类生活质量,提升公众的整体福祉。一是以人为本强调科技进步的最终目的是改善人类生活质量,提升公众福祉,科技伦理治理应关注科技对人类生活的深远影响,确保科技发展能够切实提升人们的生活水平和幸福感。二是社会需求导向要求科技伦理治理应以满足社会大众的需求为目标,通过科学研究和技术创新,解决社会实际问题,改善公共服务和社会保障,提升整体社会福祉。

(三)公平和公正

"人人享有"还强调科技成果的分配应公平公正。科技伦理治理应注重社会公平,避免技术进步带来的不平等和社会分化,确保科技进步的利益公平地分配给所有社会成员,使每个人都能从科技发展中受益,而不是被边缘化或忽视。公平和公正主要体现在社会正义和包容性发展两个方面。社会正义强调科技进步应促进社会的公平和正义,避免由于技术进步带来的社会不平等和分化。科技伦理治理应制定公平的政策,确保科技资源和成果的合理分配,促进社会的和谐和稳定。包容性发展要求科技进步的成果应惠及所有社会成员,特别是那些处于弱势和边缘化地位的人群。科技伦理治理应关注社会弱势群体的需求,确保他们能够平等地享有科技发展带来的福利和机会。

第三节 科技伦理治理共同体中的多元主体关系及其实现

在构建人人有责、人人尽责、人人享有的科技伦理治理共同体的过程中,多元主体之间的关系是动态且相互依存的,实现其有效协同是科技伦理治理成功的关键。通过明确责任划分、加强跨主体的沟通与合作以及建立透明、公正的监督机制,可以确保各主体在科技伦理治理中的积极参与与有效履职,从而形成一个有机统一的治理共同体。

一、科技伦理治理共同体中的多元主体关系

在"人人有责、人人尽责、人人享有"的科技伦理治理共同体中,不同主体扮演着不同的角色,承担着不同的责任。政府、科技界、伦理学家、社会团体、利益相关者、公众等主体,在科技伦理治理中承担独特的角色和责任,相互协作、共同推进科技向善(见图8-1)。

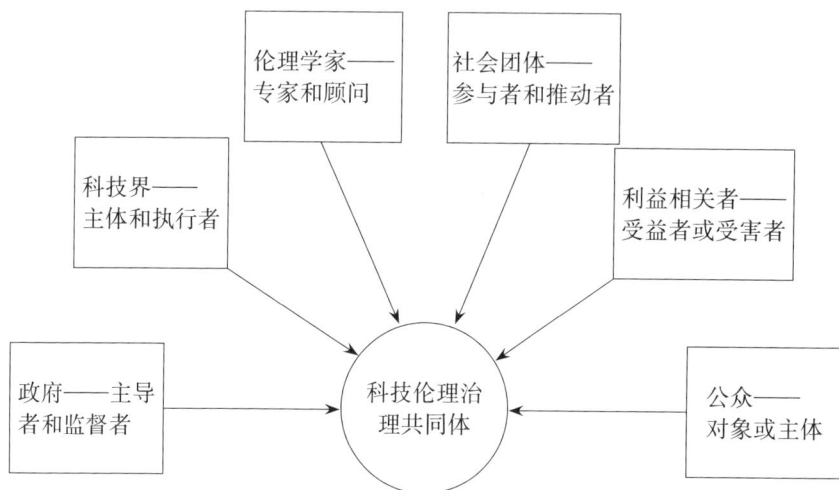

图8-1 科技伦理治理共同体中的主体角色

(一)政府

政府是科技伦理治理的主导者和监督者,负责制定和实施科技伦理治理的相关法规和制度规范,协调各方的利益和诉求,维护国家的安全和利益。根据科技创新发展的现状和趋势,及时制定或修订涉及生命科学、医学、人工智能等领域的相关法规,明确科技活动的基本原则、行为规范、责任义务、违法处罚等内容,为科技伦理治理提供法律依据和保障。同时,进行法律宣传教育,提高社会公众对科技伦理法律法规的知晓度和遵守度。通过设立国家科技伦理委员会等机构,指导和统筹协调全国科技伦理治理体系建设工作,按照属地管理、分级负责、协同推进的原则,建立健全国家、省(自治区、直辖市)、市(地)、县(县级市、区)四级科技伦理治理机构体系。同时加强对国家科技伦理委员会等机构的支持和保障,完善其职责范围、工作程序、运行机制等。通过加强对各单位科技伦理(审查)委员会和科技

伦理高风险科技活动的监督管理、建立科技伦理高风险科技活动伦理审查结果专家复核机制、组织开展对重大科技伦理案件的调查处理等方式,加强科技伦理监管。建立健全涉及重大、敏感伦理问题的科技活动披露机制与突发公共卫生事件等紧急状态下的科技伦理应急审查机制,对这些活动进行登记,组织开展对重大科技伦理案件的调查处理。积极参与国际组织和多边机制,在全球范围内推动共商共建共享的全球治理观,在重大国际议题上发出中国声音,提出中国方案,加强与其他国家和地区的双边或多边合作,促进科技伦理规则和标准的协调和对接,共同应对科技创新带来的伦理挑战,支持国内外科技伦理学者、专家、机构等开展交流合作,促进科技伦理理论研究和实践创新。

(二)科技界

科技界是科技伦理治理的主体和执行者,负责遵守和执行科技伦理治理的法律法规和制度规范,开展符合伦理原则和标准的科技活动,承担相应的责任和义务。科技界包括高等学校、科研机构、医疗卫生机构、企业等单位以及从事科学研究、技术开发等科技活动的人员。这些单位和人员需要履行好主体责任,建立常态化工作机制,加强科技伦理日常管理,主动研判、及时化解本单位或本人开展的科技活动中存在的伦理风险。单位要根据实际情况设立本单位的科技伦理(审查)委员会,并为其独立开展工作提供必要条件。

科技人员要主动学习科技伦理知识,增强科技伦理意识,自觉践行科技伦理原则,坚守科技伦理底线。科技界要遵循科技伦理规范,严格按照国家法律法规和相关部门制定的科技伦理规范、指南等开展科技活动,不从事违背国家利益、社会公益、人类福祉、生命尊严等基本原则的科技活动。对于涉及人、实验动物等敏感对象或领域的科技活动,按规定进行必要的风险评估或审查,并取得相应的许可或批准。对于可能产生不确定性或潜在风险的科技活动,采取有效的预防措施和应急方案,保障社会安全、公共安全、生物安全和生态安全。科技界必须履行社会责任,坚持以人民为中心的发展思想,将增进人类福祉作为科技活动的出发点和落脚点。在开展科技活动时,充分考虑其对经济发展、社会进步、民生改善和生态环境保护等方面的影响,避免造成不利后果或损害。在发布、传播和应用涉及重大、敏感伦理问题的研究成果时,遵守有关规定,做到客观真实、严谨审慎。在参与国际合作时,遵守国际公认的伦理原则和标准,维护国家利益和尊严。科技界应积极培育和践行社会主义核心价值观,在全社会营造尊重劳动、尊重知识、尊重人才、尊重创造的良好氛围。科技界要弘扬科学精神,坚持真理、求实、创新,反对虚假、伪造、抄袭,抵制不良风气。科技界要弘扬工匠精神,追求卓越、精益求精,提高科技活动的质量和水平。科技界要弘扬创新文化,鼓励探索、包容失败、激发潜能,激发科技人员的创新活力和创造力。

(三)伦理学家

伦理学家是科技伦理治理的专家和顾问,负责提供和解释科技伦理治理的原则和标准,参与和指导科技伦理审查和监管,提出科技伦理治理的对策和建议。伦理学家包括从事或熟悉生命科学、医学、人工智能等领域相关问题的哲学家、社会学家、法学家等专业人士。这些人士要发挥自身的专业优势,开展科技伦理理论探索,加强对科技创新中伦理问题的前瞻研究,积极推动、参与国际科技伦理重大议题研讨和规则制定。

伦理学家要参与各级各类科技伦理(审查)委员会的工作,为科技活动的科技伦理审查、监督与指导提供专业意见和建议。伦理学家深化科技伦理理论研究,以哲学、社会学、法学等多种视角,对科技创新中涉及的生命尊严、人权保障、社会公平、生态平衡等基本价值进行深入分析和阐释,为科技伦理治理提供坚实的思想基础。伦理学家还要结合国情和时代特征,探索具有中国特色的科技伦理思想和体系,为构建中国特色社会主义科技伦理治理体系提供有力支撑。伦理学家要前瞻性研究科技伦理问题,紧跟高新科技发展的前沿动态,及时发现并预判可能引发或加剧的重大或敏感的科技伦理问题,譬如,基因编辑、人工智能、大数据等领域所涉的个人隐私、数据安全、人机关系等问题。伦理学家还要开展跨领域、跨界别、跨文化的比较研究,分析不同国家或地区在应对这些问题时所采取的不同策略和措施,为政府制定相应的应对方案提供借鉴。伦理学家参与制定科技伦理规则和标准,充分利用中国在国际上的影响力和话语权,积极参与国际组织和多边机制,在全球范围内推动共商共建共享的全球治理观,在重大国际议题上发出中国声音,提出中国方案。伦理学家还要根据中国实际情况,参与制定符合国情和时代需求的国内外通行或适用的科技伦理规则和标准,为中国科技活动提供明确的行为准则。伦理学家提供科技伦理审查和监管的专业服务，积极参与各级各类科技伦理(审查)委员会的工作，为涉及重大或敏感伦理问题的科技活动提供科技伦理审查和评估，为科技活动的科技伦理监督与指导提供专业意见和建议，加强与政府、科技界、社会团体、利益相关者、公众等其他主体的沟通和协作，共同推进科技向善。

(四)社会团体

社会团体是科技伦理治理的参与者和推动者，负责代表和维护社会各界的利益和诉求，参与和监督科技伦理治理的过程和结果，推动和促进科技伦理治理的创新发展。社会团体包括相关学会、协会、研究会等科技类社会团体以及其他非政府组织、民间组织等。这些组织要组织动员科技人员主动参与科技伦理治理，促进行业自律，加强与高等学校、科研机构、医疗卫生机构、企业等的合作，开展科技伦理知识宣传普及，增强社会公众科技伦理意识。要推动设立中国科技伦理学会，健全科技伦理治理社会组织体系，强化学术研究支撑。社会团体应教育引导科技人员遵守科技伦理规范，充分发挥其在科技界的影响力和凝聚力，面向各类科技人员开展科技伦理教育培训活动，提高他们的科技伦理知识水平和自觉遵守度。社会团体还要制定或参与制定各自学科或专业领域内的科技伦理规范、指南等，并监督其执行情况，对违反规范的行为进行惩戒或曝光。社会团体参与监督和评价科技活动及其影响，充分利用其在社会上的公信力和代表性，积极参与对涉及重大或敏感伦理问题的科技活动及其影响的监督和评价。社会团体要建立健全对外沟通渠道，及时收集和反馈社会各界对于科技活动及其影响的态度和意见。社会团体还要建立健全对内协调机制，形成统一的立场和主张。社会团体推动创新科技伦理治理模式，充分发挥其在社会上的灵活性和创新性，探索适应不同领域、不同层级、不同阶段的科技伦理治理模式。社会团体要加强与政府、科技界、伦理学家、利益相关者、公众等其他主体的合作，建立多方参与、协同共治的平台或网络。社会团体还要借鉴国际先进经验，推动国内外通行或适用的科技伦理规则和标准的协调和对接。社会团体宣传普及科技伦理知识，充分发挥其在社会上的传播力和影响力，面向社会公众开展科技伦理知识的宣传普及活动，提高社会公众的科技伦理意识和素养。社会团体要利用各种媒体和形式,譬如,报刊、电视、网络、讲座、展览等,向社会公众介绍科技活动及其影响的基本情况,阐释科技伦理的基本原则和标准,解答科技伦理的常见问题和疑惑。社会团体还要鼓励和引导社会公众积极参与科技伦理的讨论和评价,为促进科技向善发挥积极作用。

(五)利益相关者

利益相关者是科技伦理治理的受益者或受害者,负责表达和反馈对科技活动及其影响的态度和意见,享受或承受由此带来的利益或损失、维权或赔偿。利益相关者包括直接或间接参与或受到影响的个人、团体、组织等。这些个人或集体要积极关注和了解科技活动及其影响,提高自身的科技伦理意识和素养,参与并支持符合公共利益的科技活动。这些个人或集体还要依法行使自己的权利,保护自己的利益,如有必要,可以通过法律途径寻求救济。利益相关者提出科技伦理诉求,充分表达自身在科技活动中所关注的伦理问题和价值取向,譬如,个人隐私、数据安全、知识产权、社会公平等。

利益相关者要通过合法合规的方式,向政府、科技界、伦理学家、社会团体等其他主体提出自己的诉求,并寻求有效的解决方案。利益相关者参与科技伦理决策,积极参与涉及重大或敏感伦理问题的科技活动及其影响的决策过程,譬如,参加公开听证会、专家咨询会、公民评议会等。利益相关者要充分发挥自身的专业知识和实践经验,为决策提供有价值的信息和意见,并尊重其他利益相关者的观点和立场。利益相关者监督科技伦理执行,密切关注涉及重大或敏感伦理问题的科技活动及其影响的执行情况,譬如,监督研究过程、评价研究结果、反馈研究影响等。利益相关者要及时发现并指出执行中存在的不合规或不合理之处,并向有关部门或机构进行投诉或提出建议。利益相关者享受科技伦理成果,合理享受符合伦理原则和标准的科技活动所带来的成果和好处,譬如,提高生活质量、增进健康福祉、促进社会进步等。利益相关者要公平分享科技活动所创造的价值和收益,并尽可能减少或避免对其他利益相关者或社会造成的损害或风险。

（六）公众

公众是科技伦理治理的对象或主体，负责了解并关注科技活动及其影响，提高自身的科技伦理意识和素养，参与并支持符合公共利益的科技活动。公众包括广大消费者、用户、观察者等。这些人要积极获取并传播有关科技活动及其影响的信息，形成客观、合理、负责任的判断和评价，要通过各种渠道表达自己对于科技活动及其影响的看法和建议，为促进科技向善发挥积极作用。公众了解并关注科技活动及其影响，主动学习和掌握科技活动的基本知识和原理，如基因编辑、人工智能、大数据等领域的基本概念、发展历程、应用范围等。公众要通过各种途径，譬如报刊、电视、网络、讲座、展览等，及时了解和关注科技活动及其影响的最新进展和动态，如研究成果、应用案例、风险评估等。公众判断和评价科技活动及其影响，以科学精神和人文关怀为指导，对科技活动及其影响进行客观、合理、负责任的判断和评价。公众要从多个角度和维度，譬如经济效益、社会效果、民生福祉、生态环境等，分析科技活动所带来的利弊得失，权衡利害关系。公众还要从伦理角度，譬如生命尊严、人权保障、社会公平等，审视科技活动所涉及的价值取向，识别潜在的伦理问题或冲突。

人人有责、人人尽责、人人享有的科技伦理治理共同体，是一个由参与科技活动和科技伦理治理的多元主体共同构成的治理共同体，包括政府、科技界、伦理学家、社会团体、利益相关者、公众等，这些主体在科技伦理治理中承担不同的角色和责任。共同体的实现需要每一个主体共同遵守自身职责，而只有共同体中所有主体实现"人人有责、人人尽责"时，共同体才能向"人人享有"迈进。这是对科技伦理治理共同体以人民为中心、推动科技向善的价值导向，增进人类福祉、尊重生命权利、坚持公平公正、合理控制风险、保持公开透明的基本原则，以法律法规、制度规范、组织架构、协调机制、文化氛围、价值共识为基本要素，以创新发展、国际合作为基本动力，以多元主体的参与、协商、协作、共赢为基本方式的内在逻辑诠释。科技伦理治理不仅是政府或专家的责任，还需要所有参与或受影响的主体的共同参与和协作。只有这样，才能实现迈向人人有责、人人尽责、人人享有的科技伦理治理共同体，从而促进科技创新与社会发展的和谐统一。

二、科技伦理治理共同体的实现条件及阶段

科技伦理治理共同体的构建和实现是一个复杂且渐进的过程,需要在法律法规、组织架构、文化氛围和国际合作等多个方面进行系统性建设。

(一)科技伦理治理共同体的实现条件

1.建立科技伦理治理的法律法规和制度规范

科技伦理治理的首要条件是建立健全的法律法规和制度规范,以明确各方的权利义务和行为准则。这些法律法规应明确各主体在科技活动中的权利、义务和行为准则,确保科技活动的合法性和合规性。政府需制定具体的科技伦理治理法规,建立科学、合理的科技伦理审查和监管体系,明确科技活动的伦理标准和操作规范。

2.构建科技伦理治理的组织架构和协调机制

设立国家层面的科技伦理委员会,成员应包括来自政府、科技界、伦理学界、社会团体等多元主体的代表,确保各方利益和诉求得到充分表达和协调。政府需建立跨部门、跨区域的沟通协作机制,以加强部门间和地方间的沟通协作,促进科技伦理治理的协调和统一。通过定期召开会议和设立专门的沟通渠道,各部门和地方政府可以分享经验、解决问题,推动科技伦理治理工作的顺利开展。

3.培育科技伦理治理的文化氛围和价值共识

科技伦理治理不仅需要制度上的保障,更需要文化上的支持。政府、教育机构和社会团体应共同努力,加强科技伦理教育和普及,提升各方的科技伦理意识和素养。通过开展伦理培训、宣传教育和公众参与活动,逐步形成全社会对科技伦理的广泛共识。科技伦理治理应以人民为中心,强调科技发展的最终目的是增进人类福祉。通过树立和传播科技向善的价值观,各主体可以在科技活动中自觉遵循伦理准则,推动科技的健康、可持续发展。

4.促进科技伦理治理的创新发展和国际合作

科技伦理治理需要不断创新和发展,特别是在应对新兴科技领域带来的伦理挑战时。应借鉴国际经验,结合本国实际情况,探索和制定适应新兴领域的科

技伦理治理模式。政府和科研机构应积极参与国际科技伦理组织的活动,推动全球科技伦理治理共同体的建设。通过加强与国际组织和其他国家的交流互鉴,共同制定和实施国际科技伦理规范,推动全球范围内的科技伦理治理,解决跨国界的科技伦理问题。

(二)科技伦理治理共同体的实现阶段

1.基础建设阶段

这一阶段的工作重点是制定和完善科技伦理治理的法律法规和制度规范,并进行组织架构和协调机制建设。政府需要出台相关法规,建立科技伦理治理的基本框架,并明确各主体的权利义务和行为准则。依法依规设立国家层面的科技伦理委员会,建立跨部门、跨区域的沟通协作机制,确保科技伦理治理工作的有效开展。

2.文化培育阶段

在这一阶段,政府、教育机构和社会团体应加强科技伦理教育和普及,通过开展各种宣传教育活动,提升公众和科技工作者的科技伦理意识和素养。通过持续的教育和宣传,逐步形成全社会对科技伦理的广泛共识,树立以人民为中心、推动科技向善的价值导向。

3.深化发展阶段

这一阶段的重点是不断创新和发展科技伦理治理模式,特别是在应对新兴科技领域带来的伦理挑战时。借鉴国际经验,结合本国实际情况,探索适应新兴领域的科技伦理治理模式。加强与国际组织和其他国家的交流互鉴,共同制定和实施国际科技伦理规范,推动全球科技伦理治理共同体的建设。

4.持续改进阶段

科技伦理治理需要根据科技发展的实际情况和动态变化,不断进行调整和优化。通过持续的沟通和合作,各主体可以及时发现并解决科技伦理治理中的问题,确保治理机制的灵活性和适应性。在这一阶段,需要全面落实科技伦理治理的各项措施,并对治理效果进行评估和反馈。通过评估,发现问题、及时调整,确保科技伦理治理工作持续有效。

科技伦理治理共同体的实现是一个系统性和渐进的过程,需要在法律法规、组织架构、文化氛围和国际合作等多个方面进行全面建设。基础建设、文化培育、深化发展和持续改进四个阶段的逐步推进,能够有效构建和完善科技伦理治理共同体,确保科技活动在伦理框架内进行,推动科技向善,造福社会。

第四节　本章小结

本章详细探讨了人人有责、人人尽责、人人享有的科技伦理治理共同体的概念和内涵。在新兴科技迅速发展的背景下,科技伦理治理的必要性和紧迫性愈加显著。通过构建多元主体参与的科技伦理治理共同体,可以实现科技向善、造福社会的目标。

"人人有责"强调所有参与科技活动的主体都应承担相应的责任和义务。广泛参与是治理模式多元化的体现,也是治理有效性和正当性的基础。通过普及责任意识和明确各主体的职责范围,建立一个责任分明、义务明确的治理框架,确保科技活动在伦理框架内进行。

"人人尽责"要求各主体在明确责任之后,切实履行其职责和义务。履行职责不仅意味着对自身责任的认知,更需要在实际行动中的落实。"人人尽责"要求确保责任的有效性、建立监督与反馈机制以及动态调整和优化责任履行方式,以适应科技发展的动态变化。

"人人享有"强调科技伦理治理的最终目的是让所有参与主体和社会大众共享科技进步带来的成果和福利。通过科技成果的共享,可以实现科技资源和成果的广泛普及,确保每个人都能从科技进步中受益,同时提升公众福祉,推动科技进步服务于社会大众的需求。科技伦理治理应注重社会公平,避免技术进步带来的不平等和社会分化,确保科技进步的利益公平地分配给所有社会成员。

通过构建和运作科技伦理治理共同体,可以实现科技治理从单一主体向多元主体协同治理的转变,增强治理的综合效能、透明度和公信力,确保科技活动在伦理框架内进行,推动科技向善,造福社会。

第九章

研究结论与展望

第一节　研究结论

一、科技伦理治理面临多重挑战

随着科技伦理治理体系趋于完整,涵盖法律法规、伦理审查及监管机制等在内的科技伦理治理框架呈现出系统化特征。政府通过政策制定和法规实施发挥关键性作用,引导科技伦理规范化发展;科研机构与社会团体等主体积极参与,进一步推动多方协作的治理模式的形成,为科技活动的道德与伦理规范提供有力保障。这一体系为科技伦理治理奠定了坚实基础。

然而,科技伦理治理仍然面临多重挑战。第一,治理对象的复杂性和不确定性,特别是在面对新兴科技的伦理挑战时尤为突出。第二,现有治理机制亟须完善,在个人信息保护和伦理咨询、审查机制方面,缺乏系统性和一致性。第三,科研界和社会大众对科技伦理治理的重要性认识不足,伦理意识薄弱,部分科研人员在追求工具理性和经济利益时往往忽视伦理考量。第四,科技伦理立法存在上位法缺失的问题,不同领域的立法发展不均衡,现有法律条文的技术性和可操作性不足。第五,公众对科技伦理问题的关注度较低,缺乏系统的科技伦理教育和宣传,社会各界缺乏共识和参与的平台。第六,跨部门合作与信息共享机制的缺乏,导致科技伦理治理共同体尚未形成。

究其原因,关键在于伦理价值逐渐被边缘化,而科技和经济逻辑在社会生活中日益占据主导地位,导致伦理价值被忽视。科研人员在工具理性的驱动下可能过于注重经济利益,而忽略了伦理方面的考量。快速发展的科技带来了不确定性和伦理异化的问题,使得传统伦理规范难以有效应对。科学技术与道德之间的冲突往往源于人们道德观念的不足,这也导致了私人利益与公共利益的分裂,使得科技伦理治理难以形成统一的框架。同时,教育体系中系统的科技伦理教育缺失,使得公众和科研人员的伦理意识普遍薄弱。

二、构建多元共治的科技伦理治理体系是现实所需

科技伦理治理体系的构建是确保科技创新与伦理规范并行的重要步骤。健全的科技伦理治理体系应包括政府、科研机构、行业协会等多方主体的参与,形成多元化、协同共治的格局。这种治理体系不仅需要完善的政策法规支持,还需要有效的伦理审查和监管机制。

科技伦理治理的有效性在很大程度上取决于多方主体的共同参与。科技伦理治理不仅是政府的职责,还涉及科研机构、行业协会、企业和公众等多元主体。各主体之间需要建立协调机制,明确职责分工,形成协同共治的格局。政府应发挥主导作用,通过制定政策法规,提供伦理治理的制度保障。科研机构和企业作为科技创新的主要力量,应建立内部的伦理审查和监管机制,确保科研活动符合伦理规范。行业协会和伦理团体则应发挥监督和引导作用,推动全行业范围内的伦理自律。

完善的政策法规是科技伦理治理体系的基石。虽然我国已经出台了一系列科技伦理相关的政策文件,但仍需进一步健全具体的法律法规,特别是在新兴科技领域,譬如基因编辑、人工智能和大数据等方面,需要制定详细的操作细则和法律规范。完善的法律法规不仅为科技伦理治理提供了明确的行为准则,还增强了治理的权威性和约束力。

有效的伦理审查和监管机制是科技伦理治理的重要环节。科技伦理(审查)委员会应独立于科研机构,具备专业的伦理审查能力,对高风险科技活动进行严格审查和监管。同时,应建立科技伦理风险监测预警与处置机制,对科技发展中

的潜在伦理风险进行动态监测和预警,及时采取措施防控风险。

科技伦理教育和培训也是科技伦理治理体系的重要组成部分。通过开展系统的伦理教育,提升科技从业人员和公众的伦理意识和道德素养,使科技从业人员把伦理规范内化为自觉行为。高校和科研机构应将科技伦理纳入教育培训体系,培养具备伦理意识和责任感的科技人才。

三、需以制度保障和内外部控制来应对科技伦理治理风险

科技发展带来的伦理问题和风险是无法完全避免的,因此在科技治理过程中,必须同时重视伦理规范和风险管理,确保科技向善的发展方向。为了有效应对科技伦理治理中的风险,制度保障和内外部控制成为关键手段。

制度保障是科技伦理治理的重要基础。通过建立健全的法律法规和政策体系,可以为科技伦理治理提供明确的行为准则和法律依据,增强治理的权威性和约束力。一是完善法律法规。制定和实施科技伦理相关的法律法规,特别是在新兴科技领域,如基因编辑、人工智能和大数据等方面,制定详细的操作细则和法律规范。完善的法律法规不仅为科技伦理治理提供了制度保障,还能够规范科技人员的行为,防止伦理失范现象的发生。二是设立伦理审查委员会。建立独立的科技伦理(审查)委员会,负责对高风险科技活动进行严格的伦理审查和监管。伦理审查委员会应具备专业的伦理审查能力,并独立于科研机构,以确保其公正性和权威性。三是建立风险监测与预警机制。构建科技伦理风险监测预警体系,对科技发展中的潜在伦理风险进行动态监测和预警,及时发现和评估风险,并采取有效措施进行防控。通过系统化的风险评估和预警机制,可以提前发现问题,避免伦理风险进一步扩大。四是强化科技伦理意识培养。通过开展广泛的科技伦理宣传教育活动,提升科技工作者和社会公众的伦理与责任意识。加强对科技伦理知识的普及,引导科技人员在科研活动中自觉遵守伦理规范,并提高公众对科技伦理问题的关注度和理解力,营造良好的科技伦理治理社会氛围。

强化内外部控制是科技伦理治理的主要路径。在外部,制定明确的法律法规来规范科技活动的边界,涵盖科技研发、应用、转换与推广的全过程,确保符合伦理规范与准则。鼓励多主体参与,包括政府、科技界、公众代表和国际专家等

成立的科技伦理委员会,确保其决策的科学性和公正性。通过建立科技伦理风险交流平台,科技伦理委员会可以促进科技人员、公众和政府之间的互动,增强信息透明度和沟通效率,推动科技伦理问题的及时发现和解决。行业协会、伦理团体和媒体等应发挥监督作用,对科技活动进行独立评估和监督,推动科技伦理公开透明。同时,寻求国际合作,通过参与国际科技伦理治理的合作与交流,借鉴和吸收国际先进经验,提升本国科技伦理治理的水平。通过推动国际科技伦理规范的制定和实施,在全球范围内形成一致的伦理标准,促进科技创新的良性互动和共同发展。在内部,应当增强科技伦理教育与培训,通过系统的教育和培训,提高科技从业人员的伦理意识和道德素养。科技伦理教育不仅要传授伦理知识,还应通过案例研究、社会调查、辩论和角色扮演等多种教学形式,让科技人员在实际操作中理解和应用科技伦理原则。高校和科研机构应将科技伦理课程纳入必修课体系中,培养具备伦理意识和责任感的科技人才。同时,加强内部伦理审查机制,科研机构和企业应建立全面的伦理审查机制,对科研项目进行事前、事中和事后的全程审查和监督,确保每个环节都符合伦理规范,防止伦理风险的发生。提升科研诚信建设,通过建立科研诚信体系,推动科研人员遵守科研伦理规范和职业道德。科研机构应制定科研诚信守则,对科研人员的行为进行规范和监督,杜绝学术不端行为,维护科研的公正性和诚信度,推进科技活动在伦理框架内健康发展。

四、人人有责、人人尽责、人人享有的科技伦理治理共同体是未来努力的方向

迈向人人有责、人人尽责、人人享有的科技伦理治理共同体,是未来科技治理努力的方向。构建这样一个治理共同体,不仅对推动科技向善、造福社会具有重要意义,也是确保科技创新与伦理规范并行不悖的关键路径。

首先,"人人有责"强调所有参与科技活动的主体都应承担相应的责任和义务,广泛参与是治理模式多元化的体现,也是治理有效性和正当性的基础。各主体通过责任意识的普及和职责范围的明确,形成一个责任分明、义务明确的治理框架,确保科技活动在伦理框架内进行。

其次,"人人尽责"要求各主体在明确责任之后,切实履行其职责和义务。各主体在实际行动中落实责任,通过有效的监督与反馈机制,动态调整和优化责任履行方式,以适应科技发展的动态变化。譬如,政府通过制定和执行相关法律法规,科研机构和企业设立伦理委员会并进行定期审查,伦理学家提供专业意见和指导,社会团体推动科技伦理教育和宣传,公众积极参与监督和评价。

最后,"人人享有"强调科技伦理治理的最终目的在于让所有参与主体和社会大众共享科技进步带来的成果和福利。科技伦理治理不仅要保护公众的权益,还要确保科技发展成果惠及全社会。共享科技成果意味着科技进步的利益应公平地分配给所有社会成员,提升公众福祉,推动科技进步服务于社会大众的需求。科技伦理治理应注重社会公平,避免技术进步带来的不平等和社会分化,确保科技进步的利益公平地分配给所有社会成员,使每个人都能从科技发展中受益。

构建人人有责、人人尽责、人人享有的科技伦理治理共同体,不仅增强了治理的综合效能、透明度和公信力,还确保科技活动在伦理框架内进行,推动科技向善,造福社会。这一过程需要法律法规和制度规范的保障,也需要文化氛围和价值共识的培育,通过创新发展和国际合作,不断提升科技伦理治理的水平,实现科技伦理治理的系统性、持续性和有效性。这种多元主体共同参与、协同共治的治理模式,将为科技创新提供坚实的伦理保障,促进科技与社会的和谐发展,实现科技进步与伦理规范的良性互动。

第二节　研究不足及展望

一、研究不足

尽管本书在科技伦理治理体制机制的探讨方面取得了一定的成果,但仍存在一些不足之处。一是理论框架有一定局限性。本书主要借鉴了风险社会理论、公共价值理论和善治理论,虽然这些理论提供了重要的理论支撑,但科技伦理治理的复杂性和多样性要求更为广泛和深层次的理论探讨,现有理论框架可能无法全面涵盖所有复杂问题和细节。二是缺乏广泛的案例研究。在案例研究方面,本书的案例数量有限,且主要集中在国内,缺乏对国际案例的深入分析和比较,这可能导致研究结果在普适性和广泛性方面的不足。此外,科技伦理治理的研究需要大量的实证数据支持,由于时间和资源的限制,本书在数据收集和分析方面存在一定的局限性,一些关键数据可能不够全面或准确,影响了研究结论的可靠性和科学性。三是跨学科整合力度不够充分。虽然本书尝试了跨学科整合,但在具体操作中,跨学科研究的深度和广度尚显不足,各学科之间的理论和方法如何更好地融合和应用仍需进一步探讨。四是政策建议的细化程度不够。本书提出了一些优化科技伦理治理体制机制的具体建议,但在操作层面,这些建议的细化程度还不够,尚需进一步具体化和可操作化,譬如,如何具体实施科技伦理审查和监管机制,如何有效提升科技人员的伦理意识和自觉性,尚需更详细的措施支持。

二、未来展望

未来,科技伦理治理将继续在科技创新和社会发展的进程中发挥关键作用。随着科技的迅猛发展,特别是基因编辑、人工智能、大数据等新兴领域的不断扩展,科技伦理问题将变得更加复杂和多样化。因此,科技伦理治理需要不断完善和创新。后期研究中,可进一步深化和拓展理论研究,结合更多学科的理论和方法,构建更为全面和系统的科技伦理治理框架。未来的科技伦理治理要精细化和具体化政策措施,健全科技伦理审查和监管机制,确保科技进步始终服务于人类福祉和社会公共利益,实现科技向善的目标。同时通过借鉴全球经验,推动国际科技伦理规范的制定和实施,形成全球一致的伦理标准。

参考文献

学术专著

董伟武,等.中西传统伦理精神文化研究[M].北京:光明日报出版社,2013.

周丽昀.科技与伦理的世纪博弈[M].上海:上海大学出版社,2019.

李侠.科技政策、伦理与关怀[M].北京:科学出版社,2017.

王学川.科技伦理价值冲突及其化解[M].杭州:浙江大学出版社,2016.

潘建红.现代科技与伦理互动论[M].北京:人民出版社,2015.

陈彬.科技伦理问题研究:一种论域划界的多维审视[M].北京:中国社会科学出版社,2014.

杨慧民.科技人员的道德想象力研究:技术责任伦理的实践路径探析[M].北京:人民出版社,2014.

李建会.与善同行:当代科技前沿的伦理问题与价值抉择[M].北京:中国社会科学出版社,2013.

王其和.大科学时代科技主体责任伦理研究[M].南京:南京大学出版社,2013.

程现昆.科技伦理研究论纲[M].北京:北京师范大学出版社,2011.

钱振华.现代科技伦理意识探析与养成[M].北京:知识产权出版社,2017.

陈芬.科技理性的价值审视[M].北京:中国社会科学出版社,2004.

陈万求.工程技术伦理研究[M].北京:社会科学文献出版社,2012.

戴艳军.科技管理伦理导论[M].北京:人民出版社,2005.

贝尔纳.科学的社会功能[M].陈体芳,译.桂林:广西师范大学出版社,2003.

乌尔里希·贝克.风险社会[M].何博闻,译.南京:译林出版社,2004.

安东尼·吉登斯.现代性的后果[M].田禾,译.南京:译林出版社,2011.

马克·H.穆尔.创造公共价值:政府战略管理[M].伍满桂,译.北京:商务印书馆,2016.

俞可平.治理与善治[M].北京:社会科学文献出版社,2000.

特里·L.库珀.行政伦理学:实现行政责任的途径(第五版)[M].张秀琴,译.北京:中国人民大学出版社,2010.

陈广胜.走向善治[M].杭州:浙江大学出版社,2007.

许志伟.生命伦理:对当代生命科技的道德评估[M].朱晓红,编.北京:中国社会科学出版社,2006.

尼可莱塔·亚科巴奇.科技与伦理[M].彭爱民,译.广州:暨南大学出版社,2019.

西斯·J.哈姆林克.赛博空间伦理学[M].李世新,译.北京:首都师范大学出版社,2010.

罗纳德·蒙森.干预与反思:医学伦理学基本问题[M].林侠,译.北京:首都师范大学出版社,2010.

报纸文献

习近平.在中国科学院第二十次院士大会、中国工程院第十五次院士大会、中国科协第十次全国代表大会上的讲话[N].人民日报,2021-05-29(2).

姚新中.科技伦理治理三论[N].中国社会科学报,2022-06-14(2).

刘垠.科技伦理治理亮出硬招实招[N].科技日报,2022-03-24(1).

操秀英.推进科技伦理治理护航科技强国建设[N].科技日报,2022-03-21(2).

倪思洁,韩扬眉.科技伦理治理需破壁垒、明权责、共参与[N].中国科学报,2022-03-22(1).

完善科技伦理治理体系 引导科技向善[N].第一财经日报,2022-03-22(A02).

方家喜.加强科技伦理治理务求"系统性"推进[N].经济参考报,2021-12-27(1).

何忠国.坚守科技伦理确保科技活动风险可控[N].学习时报,2022-01-10(1).

陆航.科技伦理引导科技良性发展[N].中国社会科学报,2019-08-05(1).

马慜,张琼斯.有"温度"还得"负责任"完善金融科技伦理治理箭在弦上[N].上海证券报,2022-03-25(2).

期刊论文

吴博,刘中全.加快建设科技强国实现高水平科技自立自强[J].党课参考,2024(19):26-41.

解学芳,曲晨.价值对齐:AIGC时代的人工智能文化科技伦理风险与精准共治路径研究[J].兰州大学学报(社会科学版),2024(3):147-156.

张迪,张力伟.科技伦理治理体系的责任规范研究[J].科学学研究,2025,43(3):523-529.

支振锋,刘佳琨.伦理先行:生成式人工智能的治理策略[J].云南社会科学,2024(4):60-71.

张慧,刘兵.多元主体参与下的科技伦理治理机制及其启示:以美国转基因技术为例[J].科学学研究,2025,43(4):742-750.

卢阳旭,肖为群,赵延东.企业科研人员对科技伦理治理的态度及影响因素:基于问卷调查的分析[J].中国软科学,2024(7):59-68.

王磊.知识共生产框架下科技伦理治理主体的基础性功能与其对应的实现方式[J].科技管理研究,2024,44(8):214-221.

刘瑶瑶,王硕,李正风.高校科技伦理课程建设:现状、挑战与对策:基于17所高校的实证研究[J].自然辩证法研究,2024,40(4):129-135.

马婉宁,陈亚平,韩凤芹.科技伦理治理:核心要义、面临困局及实现机制[J].中国科技论坛,2024(4):1-11.

李秋甫,李正风.科技伦理治理的"差序格局"与"错序格局"[J].科学学研究,2025,43(1):58-65.

张慧,李秋甫.新兴科技的预防式伦理治理路径探析[J].自然辩证法研究,2024,40(2):96-103.

郝凯冰.基于三维框架的我国科技伦理治理政策分析[J].科学学研究,2024,42(11):2241-2253,2285.

杜盼盼,徐嘉.科技伦理治理中的全过程审查机制构建[J].云南大学学报(社会科学版),2024,23(1):47-55.

阮荣彬,朱祖平,陈莞,等.政府科技伦理治理与人工智能企业科技向善[J].科学学研究,2024,42(8):1577-1586,1606.

张润强,孟凡蓉,李雪微.科技社团参与科技伦理治理:功能、角色与路径[J].自然辩证法研究,2023,39(11):122-127.

梅春英,徐学华.人类基因增强的伦理治理:治理什么、谁来治理与如何治理[J].自然辩证法研究,2023,39(11):140-144.

鲁晓,王前.科技伦理治理中"科技"与"伦理"的深度融合问题[J].科学学研究,2023,41(11):1928-1931.

宋应登,霍竹,邓益志.中国科技伦理治理的问题挑战及对策建议[J].科学学研究,2024,42(8):1569-1576,1595.

李磊,鲁晓.新兴科技的伦理治理:概念、框架与实践路径分析[J].自然辩证法研究,2023,39(9):84-90.

王常柱,马佰莲."伦理先行"的本质内涵、现实根源及实施逻辑[J].伦理学研究,2023(5):108-114.

杨杰,吴琳伟,邓三鸿.颠覆性技术视角下科技伦理的敏捷治理框架探讨[J].中国科学基金,2023,37(3):378-386.

潘建红,杨珊珊.以科学共同体实践机制推进科技伦理治理[J].中国科学基金,2023,37(3):372-377.

操秀英,王星,吕栋.科技伦理治理的基本构成与实践思考[J].中国科学基金,2023,37(3):387-392.

李建军.如何强化科技伦理治理的制度支撑[J].国家治理,2021(42):33-37.

周琪.我国科技伦理治理体系建设任重道远[J].中国人才,2022(5):60.

李科.中西科学家社会责任之比较:兼论我国科技伦理的特点[J].科学学研究,2010,28(11):1606-1610.

樊春良.科技伦理治理的理论与实践[J].科学与社会,2021,11(4):33-50.

于雪,凌昀,李伦.新兴科技伦理治理的问题及其对策[J].科学与社会,2021,11(4):51-65.

谢尧雯,赵鹏.科技伦理治理机制及适度法制化发展[J].科技进步与对策,2021,38(16):109-116.

郑小兰.防范新兴科技伦理风险,探索科技伦理治理机制[J].民主与科学,2021(2):68-69.

李秋甫,张慧,李正风.科技伦理治理的新型发展观探析[J].中国行政管理,2022(3):74-81.

王续琨,戴艳军.管理伦理学的学科结构和发展对策[J].齐鲁学刊,2004(6):132-136.

李校堃.关于科技伦理治理差异化原则的思考[J].人民论坛,2021(2):6-8.

罗雨佳.科技伦理视域下对"科技向善"治理的探讨[J].学理论,2021(4):47-49.

王浦劬.国家治理、政府治理和社会治理的含义及其相互关系[J].国家行政学院学报,2014(3):11-17.

桑培培.善治理论的梳理和治理困境研究[J].知识经济,2015(19):11-12.

燕继荣.善治理论3.0版[J].人民论坛,2012(24):4.

汤丁,李东.加强政策事中事后评估的思考[J].宏观经济管理,2020(3):9-14.

卢阳旭,张文霞,何光喜.我国科技伦理治理的核心议题和重点领域[J].国家治理,2022(7):14-19.

李正风,刘诗谣.建构科技伦理治理共同体的信任关系[J].科学与社会,2021,11(4):18-32.

陈爱华.论现代科技伦理的应然逻辑[J].东南大学学报(哲学社会科学版),2018,20(3):16-22,146.

熊英,余湛宁.我国科技伦理道德建设的现实障碍与对策研究[J].湖北社会科学,2011(6):105-107.

刁生富.论现代科学研究的社会干预[J].社会科学家,2001(3):27-30.

鲁晓,李欣哲,刘慧晖.科技伦理研究的方法论创新[J].中国科学院院刊,2022,37(6):794-803.

关健.医学科技伦理治理监管策略和实施重点[J].中国医学伦理学,2022,35(6):589-596.

张伯男.论科技伦理原则在医学领域的应用及报道参照[J].边疆经济与文化,2022(6):120-122.

张新庆.科技伦理治理原则辨析及理念传播[J].中国医学伦理学,2022,35(5):479-482.

段伟文.科技伦理治理,如何伦理先行?[J].中国医学伦理学,2022,35(5):483-488.

范瑞平.科技伦理原则需要具体研究才能指导[J].中国医学伦理学,2022,35(5):475-478.

杜严勇.科技伦理治理研究[J].云南社会科学,2022(3):11.

吴家睿.基于"平衡原则"的科技伦理治理:简论《关于加强科技伦理治理的意见》[J].生命科学,2022,34(5):485-488.

戴国庆.加强科技伦理治理积极推动科技向善[J].国际人才交流,2022(5):6-7.

黄先蓉,陈文锦.加强出版伦理建设提升出版伦理治理能力:基于《关于加强科技伦理治理的意见》的思考[J].科技与出版,2022(5):40-46.

顾玲琍.加强科技伦理治理[J].小康,2022(13):22-23.

李青文.科技伦理视阈下人工智能法律主体地位之否定:以机器能否具备自由意志能力为分析路径[J].科学管理研究,2022,40(2):40-48.

李思琪.科技伦理与安全公众认识调查报告(2021)[J].国家治理,2022(7):43-47.

喻丰.科技伦理治理的社会心理取向:以人工智能为例[J].国家治理,2022(7):26-30.

刘素民.科学研究的"禁区"与"绿色通道"[J].科学技术与辩证法,2001(1):65-68.

丁明磊.高水平科技伦理治理:现实意义与总体思路[J].国家治理,2022(7):38-42.

雷瑞鹏,张毅.机器人学科技伦理治理问题探讨[J].自然辩证法研究,2022,38(4):108-114.

刘博京,刘婵娟.科技伦理的祛魅、统合、自觉及其价值选择:基于"高概念"主张引入人工智能伦理研究的省察[J].浙江社会科学,2022(3):115-120,160.

翟志勇.面向可持续发展的科技伦理:从"不作恶"到"向善"[J].可持续发展经济导刊,2022(Z1):109-111.

胡良霖,朱艳华,李坤,等.科学数据伦理关键问题研究[J].中国科技资源导刊,2022,54(1):11-20.

贾平.从全球主要国家生命伦理委员会运作机制看科技伦理治理[J].中国改革,2022(1):79-85.

吴太胜.新时代科技伦理困境的理性追问[J].齐齐哈尔大学学报(哲学社会科学版),2021(12):46-50,59.

李真真.科学发展模式变迁重塑新的"游戏规则"科研诚信和科技伦理建设势在必行[J].中国科技人才,2021(6):3.

杨博文.科技伦理与安全审查的内在理路与二元结构:以《生物安全法》为中心展开[J].科学学研究,2022,40(7):1163-1171.

彭耀进,周琪.应对生物技术变革与伦理新挑战的中国方略[J].中国科学院院刊,2021,36(11):1288-1297.

支振锋.科技创新亟需更高水平法治保障[J].人民论坛·学术前沿,2021(20):86-91.

张小龙.风险社会中科技伦理治理能力提升研究[J].齐齐哈尔大学学报(哲学社会科学版),2021(10):77-80.

杨景.公正视域下的科技伦理治理[J].黑龙江人力资源和社会保障,2021(15):1-3.

中国伦理学会科技伦理专业委员会在大连成立[J].伦理学研究,2021(5):141.

黎常,金杨华.科技伦理视角下的人工智能研究[J].科研管理,2021,42(8):9-16.

宋应登,邓益志.美国国家科学基金会的科技伦理教育培训管理制度研究[J].中国科技人才,2021(4):54-60.

王常柱,马佰莲.风险社会视域下的现代科技及其伦理边界[J].北京行政学院学报,2021(3):99-106.

徐天成,史玉民.高校科技伦理教育的国外借鉴与启思[J].长春大学学报,2021,31(4):51-55.

胡允银,高玉梅,郑子晴.知识产权伦理治理体系建设研究[J].昆明理工大学学报(社会科学版),2021,21(1):20-26.

刘淑媛,周嵘.中国科技伦理制度建设的对策建议:以司法案例为例[J].科学管理研究,2021,39(1):33-37.

王少.论科技伦理评估的理论基础及评估标准[J].自然辩证法通讯,2021,43(2):87-92.

尚爻,李义庭.生物医学科技与伦理关系的现实考量[J].中国医学伦理学,2021,34(1):105-107.

张军.科学建构应对科技风险的伦理治理系统[J].人民论坛,2021(2):57-59.

杨博文,伊彤,江光华.人工智能发展对伦理的挑战及其治理对策[J].科技智囊,2021(1):67-72.

冯欣怡,朱怡雯.当代大学生科技伦理意识对利益抉择的影响[J].科技创新与生产力,2021(1):26-32.

刘志辉,孙帅.大科学时代我国科技伦理中待解决的问题:以"主体-工具-价值"为框架的分析[J].中国高校科技,2020(11):69-73.

邓若玉.人工智能发展的科技伦理反思[J].广西社会科学,2020(10):93-97.

葛海涛,刘萱.公众对科技伦理相关事件的理解与讨论:基于中外比较的事例研究[J].自然科学博物馆研究,2020,5(5):25-29,93.

张爽.高职院校开展科技伦理教育的路径研究[J].创新创业理论研究与实践,2020,3(19):118-120.

刘益东.前沿科技领域治理应警惕科技伦理法律陷阱[J].国家治理,2020(35):23-27.

田亦尧,李欣冉.科技伦理治理机制的法治因应与逻辑转换:由生物技术科技伦理规制问题展开[J].科技进步与对策,2021,38(2):121-127.

季岐卫,于雅迪.理工科高校科技伦理教育的问题及其对策[J].思想政治教育研究,2020,36(3):120-123.

于安龙.习近平关于科技伦理重要论述论析[J].社会主义核心价值观研究,2020,6(3):65-73.

许灵红.新形势下科技伦理治理问题探析[J].科技与创新,2020(10):74-76.

李易坪.法治思维视阈下科技伦理教育观完善探析:基于当下科技发展中学术道德失范行为现象的思考[J].法学杂志,2020,41(5):121-130.

张吉豫.认真对待科技伦理和法理[J].法制与社会发展,2020,26(3):2.

葛海涛,李响.面向2035的科技伦理治理体系建设[J].中国科技论坛,2020(5):7-9.

方熹.高校科技伦理教育刍议[J].中国高校科技,2020(4):71-74.

韩莉莉,马万利.技术异化视域下科技伦理人文效应探析[J].人民论坛·学术前沿,2020(6):92-95.

彭耀进,李伟.生命科技伦理问题与治理策略:以人-动物嵌合体研究为例[J].科技导报,2020,38(5):42-49.

郭秀丽.科技伦理治理视域下科技项目实施的伦理责任论析[J].科学管理研究,2020,38(1):47-51.

新兴科技伦理治理问题研讨会第一次会议纪要[J].中国卫生事业管理,2020,37(2):157-160.

雷瑞鹏.科技伦理治理的基本原则[J].国家治理,2020(3):44-48.

刘益东.科技重大风险治理:重要性与可行性[J].国家治理,2020(3):40-43.

郭方天.中国科技伦理70年研究成果回顾与前瞻[J].哈尔滨师范大学社会科学学报,2019,10(6):19-26.

滕怀玺.科技伦理视角下专利权申请与保护[J].区域治理,2019(46):161-163.

曹宪姣,朱见,贺青卿.对医学高新科技伦理争议的思考[J].医学与哲学,2019,40(19):44-48.

杨雯.对人工智能进行科技伦理分析[J].科学技术创新,2019(21):68-69.

李欣隆,曹刚.科技风险与伦理规制[J].理论视野,2019(4):30-34.

王少,孔燕.科技伦理评估框架构建路径思考[J].自然辩证法通讯,2019,41(2):64-68.

陈子薇,马力.纳米技术伦理问题与对策研究[J].科技管理研究,2018,38(24):255-260.

张菁,桂钰涵.科技自由的伦理限制:以美国干细胞研究禁放之争为例[J].昆明理工大学学报(社会科学版),2018,18(6):33-38.

杨赫姣.科技伦理困境与道德哲学反思的现代性启示[J].大连干部学刊,2018,34(9):10-15.

于文皓.科技伦理视角下对网络道德失范现象的研究[J].世纪桥,2018(8):75-76.

杨庆.科技伦理道德对科技成果转化的影响研究[J].现代经济信息,2017(21):299-300.

殷秀萍.当代大学生科技伦理教育的新模式[J].继续教育研究,2016(12):117-119.

吴翠丽.科技伦理与社会风险治理[J].广西社会科学,2009(1):23-27.

刘忠炫.困境与治理:人类基因组编辑伦理审查制度的完善[J].经贸法律评论,2022(1):3-18.

陈书全,王开元.国家治理视域下科技伦理审查的制度路径[J].科技进步与对策,2022,39(18):110-120.

郑玲,伏钰珩,吴其,等.涉及人的生物医学研究伦理审查制度立法进程及其特征分析[J].中国医学伦理学,2021,34(11):1448-1452,1458.

蒋璐灿,陈勇川.我国药物临床试验中心伦理审查的实践瓶颈与路径探析:2020版GCP相关规定的启示[J].医学与哲学,2020,41(15):20-24.

陈勇川.回顾与展望:我国生物医学研究伦理审查的发展趋势[J].医学与哲学,2020,41(15):1-7.

黄鹏.基因编辑技术临床应用的伦理问题与审查制度规制[J].医学与哲学,2020,41(9):36-40,53.

袁敏,李久辉.中医药现代化科学研究与伦理审查制度[J].法制与社会,2020(10):243-246.

祝丹娜,吉萍,许卫卫,等.临床科研项目伦理审查的挑战与对策:以深圳市各医疗机构伦理委员会为例[J].中国医学伦理学,2020,33(1):52-55.

杜沙沙,余富强.国外社会科学研究伦理审查制度的实践与反思[J].科学与社会,2019,9(4):73-92.

陈树鹏.我国临床研究伦理审查制度中的问题与对策[J].卫生软科学,2019,33(11):66-70.

丁映轩,龙艺.伦理审查中的行政权与伦理权谁大?:"换头术"伦理审查的思考[J].医学与哲学,2019,40(4):29-32.

张宝帅.临床科研课题申报和实施中的伦理审查研究[J].中国卫生标准管理,2018,9(21):30-31.

周吉银,刘丹,曾圣雅,等.我国多中心临床试验组长单位伦理审查制度的挑战[J].中国医学伦理学,2018,31(9):1157-1161.

张娟,张会杰.药物临床试验伦理跟踪审查中的问题与对策[J].中国医学伦理学,2018,31(8):1048-1051.

刘婵娟.医学伦理审查的现实困境及在中国的建构[J].中国卫生事业管理,2018,35(1):6-8,35.

李宁娟,高山行.人体试验伦理审查全流程、多方位监督模型:基于程序公平理论的研究[J].科技管理研究,2017,37(5):242-249.

张玲.涉及人类研究科学基金项目的伦理审查:加拿大的经验与借鉴[J].伦理学研究,2016(6):115-119.

杜丽姣,边霞.美国教育研究伦理审查制度及启示[J].教育科学,2016,32(5):87-91.

李建军,张文霞.中国生物科技伦理制度建设及政策建议[J].科技管理研究,2013,33(16):19-22,33.

吴翠丽.风险社会治理与科技伦理应对[J].兰州学刊,2008(12):13-16.

樊春良.国家科技治理体系的理论构架与政策蕴含[J].科学学与科学技术管理,2022,43(3):3-23.

吴翠丽.科技伦理:风险社会治理的应对之策[J].前沿,2008(12):144-146.

徐朝旭.儒家"一体之仁"观的三个向度:基于生态伦理的追问[J].厦门大学学报(哲学社会科学版),2010(1):86-93.

杨怀中.科技伦理学究竟研究什么[J].江汉论坛,2004(2):84-87.

刘大椿,段伟文.科技时代伦理问题的新向度[J].新视野,2000(1):34-38.

杨莉.论科技工作者的精神气质[J].社科纵横,2004(2):73-75.

王国豫.科技伦理治理的三重境界[J].科学学研究,2023,41(11):1932-1937.

罗志敏.大学学术伦理规制:内涵、特性及实施框架[J].清华大学教育研究,2010,31(6):50-55.

钱小龙,张奕潇,宋子昀,等.教育人工智能系统的伦理原则与困境突破[J].江南大学学报(人文社会科学版),2021,20(6):96-104.

韩东屏.关于伦理学性质与方法的辨正[J].华中科技大学学报(社会科学版),2010,24(5):1-5,108.

余慧君,古津贤.人体器官捐献的伦理与法律思考:《天津市人体器官捐献条例》的解读[J].医学与哲学(A),2014,35(9):77-81.

史占彪,李春秋.网络信息服务与残疾人心理卫生[C]//中国心理卫生协会残疾人心理卫生分会.中国心理卫生协会残疾人心理卫生分会第四届学术交流会论文集.北京:北京回龙观医院,2002:200-202.

何怀宏.对战争的伦理约束[J].北京大学学报(哲学社会科学版),2016,53(2):5-12.

陈秋萍.健全科技伦理治理体制机制[J].华东科技,2022(5):98-103.

张梅珍.我国可持续发展与现代科技伦理构建[J].中国地质大学学报(社会科学版),2005(1):59-62.

薛桂波,汪禹辰.从"科技批判"到"科技伦理治理":一种范式转换[J].学术交流,2022(10):5-13,191.

赵迎欢.中西医药学伦理思想的路径及启示[J].中国医学伦理学,2004(4):61-63.

许嘉齐.提高医药伦理审查质量、促进生物医药科技发展[J].医学与哲学(人文社会医学版),2010,31(3):1-2,10.

李熙,周日晴.从三种伦理理论的视角看人工智能威胁问题及其对策[J].江汉大学学报(社会科学版),2019,36(1):92-100,126.

徐少锦.中国古代的科技伦理思想[J].道德与文明,1989(3):27-30.

吴静静.哈贝马斯科技伦理思想研究[J].今日南国(理论创新版),2009(9):197,199.

吴远青,罗筱维.德里罗科技伦理思想解读:以《白噪音》《大都会》为例[J].常州大学学报(社会科学版),2020,21(4):98-104.

高娟,郭继海.重新反思技术理性:解读西方马克思主义对"技术理性"的批判[J].甘肃理论学刊,2007(1):43-47.

杨荣.网络伦理问题之我见[J].甘肃理论学刊,2003(4):50-53.

卢风.科技之"能够"与道德之"应该"[J].理论视野,2011(10):41-43.

白嘉菀,郗芙蓉.大学生科技道德现状及对策分析[J].湘潮(下半月),2011(3):75-76.

崔建霞,孙美堂."全球伦理"的两难[J].人文杂志,2002(1):17-20.

钱振华,张懿.基因编辑技术规制思想探析[J].北京科技大学学报(社会科学版),2019,35(5):78-87.

CAO G H. "Comparison of China-US engineering ethics educations in Sino-Western philosophies of technology"[J]. *Sci Eng Ethics*, 2015(21):1617-1629.

BROKOWSKI C, ADLI M. "CRISPR Ethics: moral considerations for applications of a powerful tool"[J]. *HHS Public Access*, 2019(1):3-6.

ZHU Q. "Engineering ethics studies in China: dialogue between traditionalism and modernism"[J]. *Engineering Studies*, 2010(2):88-96.

ZHANG H, ZHU Q. "Instructor perceptions of engineering ethics education at Chinese engineering universities: A cross-cultural approach"[J]. *Technology in Society*, 2021(65):2-11.

TOADER E. "Ethics in medical technology education"[J]. *REVISTA ROMANA DE BIOETICA*, 2010, 8(2):157-162.

HAGENDORF T. "The ethics of AI ethics: an evaluation of guidelines"[J]. *Minds and Machines*, 2020(30):99-120.

HERKERT J R. "Future direction in engineering ethics research: microethics, macroethics and the role of professional societies"[J]. *Science and Engineering Ethics*, 2001(7):407-413.

SCHEURWATER G J, DOORMAN S J. "Introducing ethics and engineering: the case of delft university of technology"[J]. *Science and Engineering Ethics*, 2001(7):264-265.

BENNETT A B, CHI-HAM C, BARROWS G, et al. "Agricultural biotechnology: economics, environment, ethics, and the future"[J]. *Annual Reviews*, 2013(38):262-270.

HELLSTROM T. "Systemic innovation and risk: technology assessment and the challenge of responsible innovation"[J]. *Technology in Society*, 2003(25):369-384.

NITTARI G., KHUMAN R S, BALDONI S, et al. "Telemedicine practice: review of the current ethical and legal challenges"[J]. *Telemedicine and E-Health*, 2020. 26(12):1427-1437.

KESKINBORA K, AYDINLI I. "Long-term results of suprascapular pulsedradi of requency in chronic shoulder pain"[J]. *Agri*, 2009,21(1):16-21.

STOLL K, GALLAGHER J. "A survey of burnout and intentions to leave the profession among Western Canadian midwives"[J]. *Women and Birth*, 2019, 32(4): e441-e449.

GOEBEL S, WEIßENBERGER B E. "The relationship between informal controls, ethical work climates, and organizational performance"[J]. *Journal of Business Ethics*, 2017,141(3):505-528.

JOBIN A, IENCA M, VAYENA E. "The global landscape of AI ethics guidelines" [J]. *Nature Machine Intelligence*, 2019,1(9):389-399.

MITTELSTADT B. "Principles alone cannot guarantee ethical AI"[J]. *Nature Machine Intelligence*, 2019,1(11):501-507.

学位论文

张春燕.科技伦理与学校道德教育改革[D].济南:山东师范大学,2009.

韩子莹.大数据技术应用的伦理探究[D].北京:北京邮电大学,2019.

陈庆.我国网络通讯安全中的伦理问题研究[D].武汉:武汉理工大学,2013.

姜冬雪.过度医疗的伦理问题研究[D].锦州:锦州医科大学,2020.

刘彩凤.过度整形美容的伦理考量及其治理[D].衡阳:南华大学,2020.

刘于民.智能化战争伦理问题探析[D].长沙:国防科技大学,2019.

黄永奎.我国当前农业科技伦理的问题审视及构建研究:从个案分析谈起[D].南宁:广西大学,2008.

龙红霞.学术伦理及其规制研究[D].重庆:西南大学,2014.

方辰.科技伦理法制化研究[D].上海:华东理工大学,2020.

谢敏洁.人工智能技术应用中的科技伦理问题及应对策略研究[D].西安:西安建筑科技大学,2019.

王健利.爱因斯坦的科技伦理思想及其对我国科技伦理问题的启示[D].锦州:渤海大学,2018.

李振亚.玻尔科技伦理思想研究[D].郑州:郑州大学,2012.

冯树洋.贝尔纳的科学伦理思想研究[D].南京:东南大学,2006.

郭芳.弗罗洛夫科学伦理思想的人道主义意蕴[D].沈阳:东北大学,2013.

崔志根.人工智能伦理困境及其破解[D].北京:北京邮电大学,2021.